ARCHITECTURE 建筑

普通高等教育土建学科『十三五』规划教材

建筑综合表现技法——

建筑手绘表现

JIANZHU SHOUHUI BIAOXIAN

主编 甘亮 姚阳 董莉莉

参编 周筠 任鹏宇 董文静 赵宇

華中科技大學出版社
http://www.hustp.com
中国·武汉

内 容 简 介

手绘对于建筑和环境艺术设计行业人员的重要性不言而喻。它不是纯粹的绘画，而是表达设计构想的一种手段，是一种提高审美意识的途径。手绘在建筑环境设计领域里有其特定的表现形式，它已经从被动的模仿走向主动的认识。由于建筑和环境艺术设计专业的手绘图要表达对空间理解的深刻程度，传达思想的流畅性，因此，建筑手绘训练不仅仅是对塑造形体能力的训练，更是对抽象的审美能力、空间立体思维以及沟通能力的训练。

本书共分 7 章，主要包括手绘基本概况、手绘表现基础、手绘表现类型及透视、常用建筑手绘表现技法、手绘表现之建筑篇、手绘表现之园林景观篇、手绘表现之城市规划篇等内容。

为了方便教学，本书还配有电子课件等教学资源包，任课教师和学生可以登录"我们爱读书"网（www.ibook4us.com）免费注册并浏览，或者发邮件至 husttujian@163.com 免费索取。

本书可作为普通本科院校和应用型本科院校建筑学、城市规划、园林规划、环境艺术等专业的教学用书，也可作为相关设计行业从业人员的参考书。

图书在版编目(CIP)数据

建筑综合表现技法. 建筑手绘表现/甘亮，姚阳，董莉莉主编. —武汉：华中科技大学出版社，2017.6（2024.2 重印）
普通高等教育土建学科"十三五"规划教材
ISBN 978-7-5680-2785-4

Ⅰ.①建… Ⅱ.①甘… ②姚… ③董… Ⅲ.①建筑画-绘画技法-高等学校-教材 Ⅳ.①TU204

中国版本图书馆 CIP 数据核字(2017)第 095956 号

建筑综合表现技法——建筑手绘表现
Jianzhu Zonghe Biaoxian Jifa—Jianzhu Shouhui Biaoxian

甘 亮 姚 阳 董莉莉 主编

策划编辑：康 序
责任编辑：康 序
封面设计：孢 子
责任监印：朱 玢
出版发行：华中科技大学出版社（中国·武汉） 电话：(027)81321913
武汉市东湖新技术开发区华工科技园 邮编：430223
录 排：武汉正风天下文化发展有限公司
印 刷：武汉科源印刷设计有限公司
开 本：880mm×1230mm 1/16
印 张：11
字 数：331 千字
版 次：2024 年 2 月第 1 版第 3 次印刷
定 价：48.00 元

前言

随着时代的发展和科技的进步，计算机的应用给设计行业带来了历史性的变革。计算机绘图已经成为设计领域不可或缺的手段，其规范性、准确性、真实性以及便于修改等优势，奠定了计算机绘图在设计领域的重要地位，它俨然成为当今设计手段的主流。很多初学者甚至设计师认为，只要掌握了计算机绘图相关技术，就掌握了设计的全部，而手绘表现技法这种徒手绘画形式将被那些先进的计算机软件所替代。其实，手绘表现技法与计算机建筑表现，二者并不是互不相容的，相反，二者有着互为补充、相互促进的关系。虽然计算机软件已经普遍运用到建筑环境设计领域，并充分展示出其优越性，但这些计算机软件都是靠设计者来操作的，是设计者大脑中主观意识形态的反映，也即只有设计师脑中有底稿，才能完成设计，并且优秀的设计师必须具备良好的艺术思维能力和丰富的创作灵感，这些都是任何先进的计算机软件所无法提供的。因此，只有具备了深厚的手绘功底，才能使用计算机软件创作出更好的效果图。这也是我们编写《建筑综合表现技法——建筑手绘表现》和《建筑综合表现技法——计算机建筑表现》这个系列教材的初衷。

手绘对于建筑和环境艺术设计行业人员的重要性不言而喻。它不是纯粹的绘画，而是表达设计构想的一种手段，是一种提高审美意识的途径。手绘在建筑环境设计领域里有其特定的表现形式，它已经从被动的模仿走向主动的认识。由于建筑和环境艺术设计专业的手绘图要表达对空间理解的深刻程度，传达思想的流畅性，因此，建筑手绘训练不仅仅是对塑造形体能力的训练，更是对抽象的审美能力、空间立体思维以及沟通能力的训练。基于手绘在当下的积极意义，配合教学改革的需要，以及解决初学者对于手绘学习的盲目性，我们组织一线教师编写了这本《建筑综合表现技法——建筑手绘表现》。

本书共分 7 章，主要包括手绘基本概况、手绘表现基础、手绘表现类型及透视、常用建筑手绘表现技法、手绘表现之建筑篇、手绘表现之园林景观篇、手绘表现之城市规划篇等内容。

本书与以往的同类书籍相比，有三大特色：其一，对建筑手绘表现技法的理解与时俱进，手绘在当下已经有了新的意义，快速徒手表现设计思维已经成了主流，因而本书对此进行了重点讲解；其二，本书十分完整地讲解了手绘表现的主要工具，包括铅笔、钢笔、彩色铅笔、水彩和马克笔，作品比较全面地展示了铅笔、钢笔、彩色铅笔、水彩和马克笔的基本使用技巧与使用方法，通过工具的讲解和作品的展现，更好地突出了工具对手绘的重要性；其三，对于各种建筑题材和不同的空间环境都有比较充分的展示，针对手绘应用的三个主要的专业方向——建筑设计、园林景观和城市规划，分别用专门的章节进行了详细的介绍，并提供了不少实际案例，有很强的实用性。希望通过本书的出版，能对相关读者在认识手绘和学习手绘的道路上有一定的帮助，能解答大家在学习过程中产生的疑问，并且书中的案例能对大家有很好的参考价值，那么，编者编写这本教材的目的也就达到了。

本书由重庆交通大学建筑与城市规划学院甘亮、姚阳、董莉莉主编，周筠、任鹏宇、董文静、赵宇参与了本书的编写。

为了方便教学，本书还配有电子课件等教学资源包，任课教师和学生可以登录“我们爱读书”网(www.ibook4us.com)免费注册并浏览，或者发邮件至 husttujian@163.com 免费索取。

本书可作为普通本科院校和应用型本科院校建筑学、城市规划、园林规划、环境艺术等专业的教学用书，也可作为相关设计行业从业人员的参考书。

由于时间仓促，且编者水平所限，书中难免存在不足之处，请各位专家同人等批评指正，并提出宝贵意见！

编　者

2017 年 6 月

CONTENTS 目录

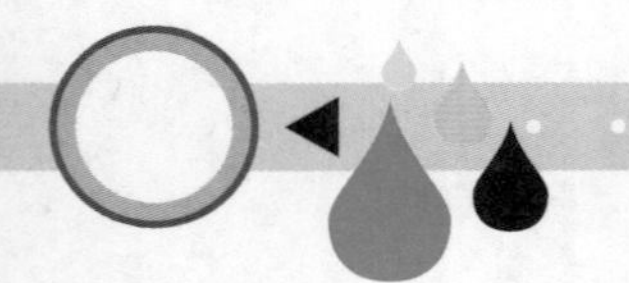

第1章

手绘基本概况

SHOUHUI JIBEN GAIKUANG

手绘对于一个优秀的设计师来说十分重要，娴熟的手绘技法可让设计专业人士在设计交流中迅速准确地表达设计思想。优秀的手绘可以在短时间内将设计师的创意表达出来，一个好的设计师应该善于运用手绘来表达自己的设计理念。

建筑师在表达一座优秀的建筑时，会选择在合适的光照条件下，以及在丰富的城市肌理中，表现建筑本身所呈现出来的体量、形态、细节等，以及表现建筑本身强大的艺术感染力，而对这种艺术感染力的把握和表达的欲望，正不断推动建筑表现的发展。

不同环境下、不同光线中、不同气候状态下，建筑会给人以不同的印象与感受。建筑表现的精髓，应该是表现建筑形体与环境的关系。就建筑手绘表现而言，能否顺利地表达出建筑师的设计思想，建筑的形体关系、精神气质和景观特点等，是关系到建筑表现成败的关键。手绘线稿如图 1-1 至图 1-4 所示。

图 1-1　手绘线稿透视图表现

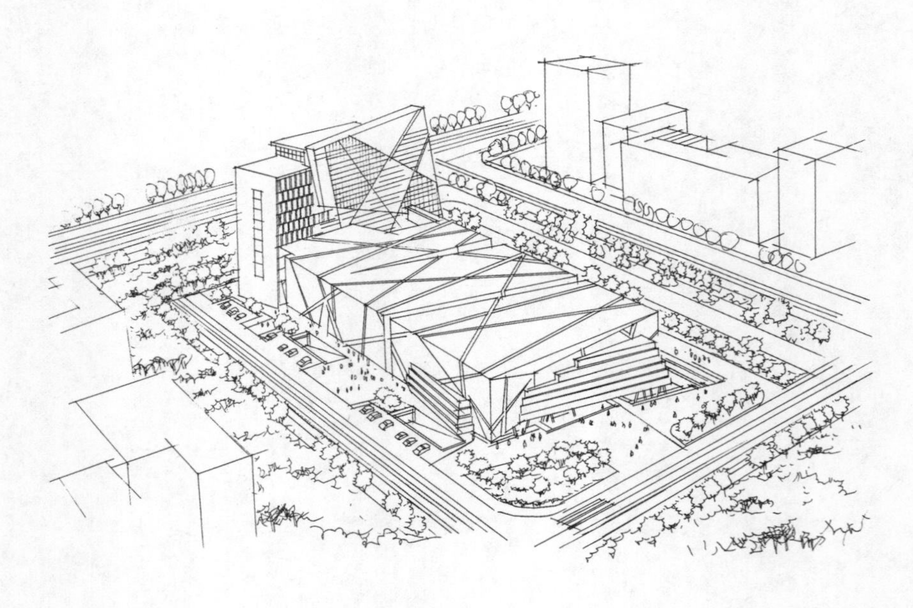

图 1-2　手绘线稿鸟瞰图表现

图 1-3　手绘商业街线稿表现

图 1-4　手绘写字楼线稿表现

1.1 设计手绘表现的概念与定位

1.1.1 设计手绘表现的概念

手绘是通过绘画形式来表现设计构思的作品，是建筑创意的灵魂，为设计师独有的创作语言，通常应用于设计概念的交流与沟通方面。手绘的独特性与创造性，丰富了设计师们的创意思维，在快速的手绘草案中，一幅幅形象生动且富有感染力的设计图案跃然纸上，给设计过程带来无限的乐趣与活力。

建筑类手绘表现是指设计师通过手工绘制图形的手段来表达设计思想和设计理念的视觉传达手段，是设计构思形成和表述的载体，表现了建筑形式和设计理念的统一，它具有以下几个方面特性。

1. 艺术性

手绘表现图虽然不能等同于纯绘画的艺术表现形式，但它毕竟与艺术有着不可分割的关系。一张精美的景观建筑设计表现图，同时也可以作为观赏性很强的美术作品，绘画中所体现的艺术规律也同样适合于建筑表现图中，如整体统一、对比调和、秩序节奏、变化韵律等规律。绘画中的基本问题，如素描和色彩的关系、画面的虚实关系、构图法则等在表现图中同样也会遇到。与美术作品类似，建筑表现图中体现的空间气氛、意境、色调的冷暖等，同样需要靠绘画手段来完成。建筑手绘的艺术性表达如图 1-5 至 1-8 所示。

图 1-5　建筑手绘的艺术性表达一

图 1-6 建筑手绘的艺术性表达二

图 1-7 建筑手绘的艺术性表达三

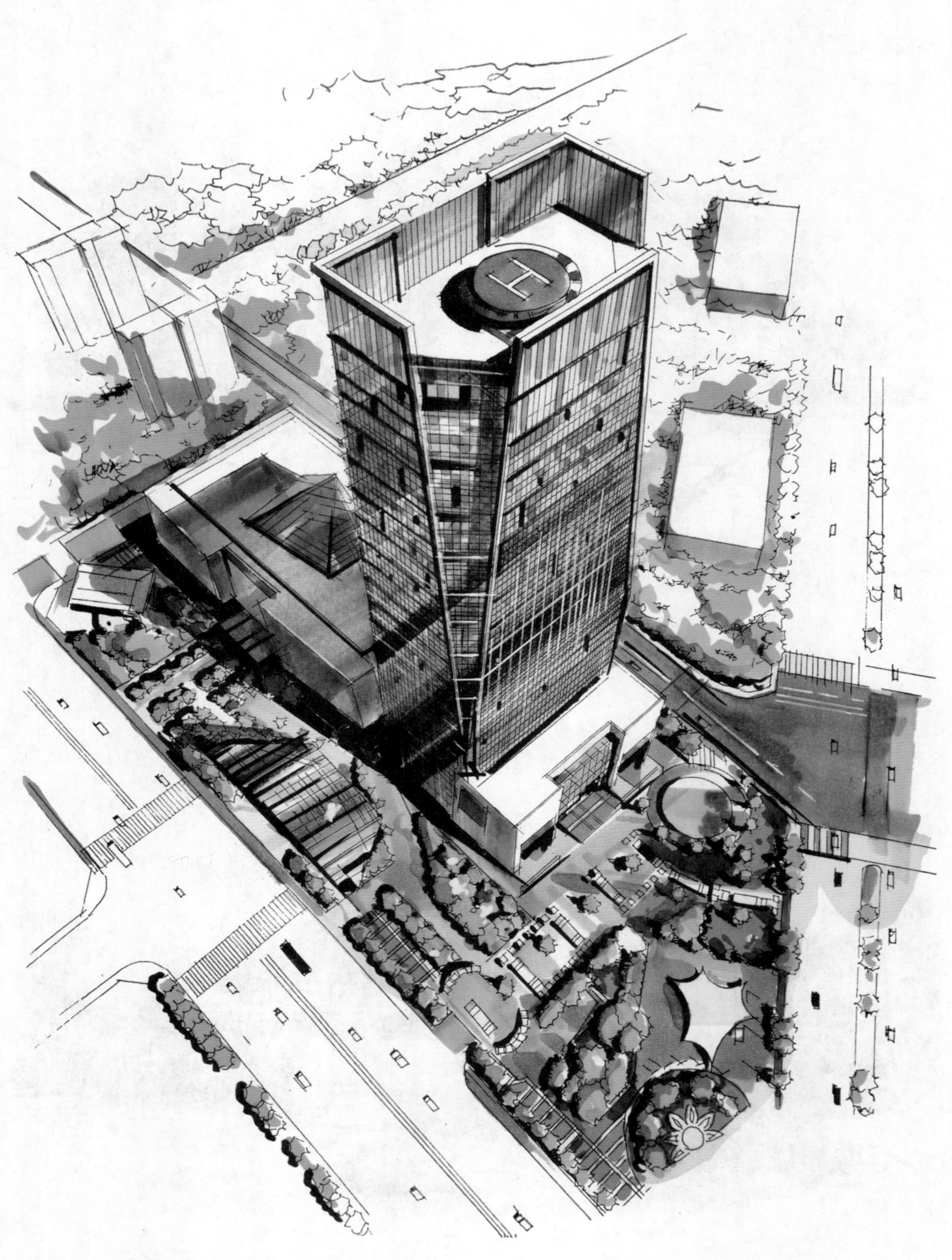

图 1-8　建筑手绘的艺术性表达四

2. 简便和快速性

通过笔和纸就可以丰富设计师们在表达创意思维设计时的灵感，寥寥勾勒几笔就能够非常直观快速地传达出设计师的设计意图，这也是计算机操作所无法代替的。手绘是建筑师表述设计理念和设计方案最为直接的视觉语言。在设计过程中，手绘效果图是发展设计思维的最好的工具，它可以形象地将思想中的符号呈现在纸上，也方便设计师从概念上来完善自己的设计方案。创意思维设计手绘表达如图 1-9 至图 1-11 所示。

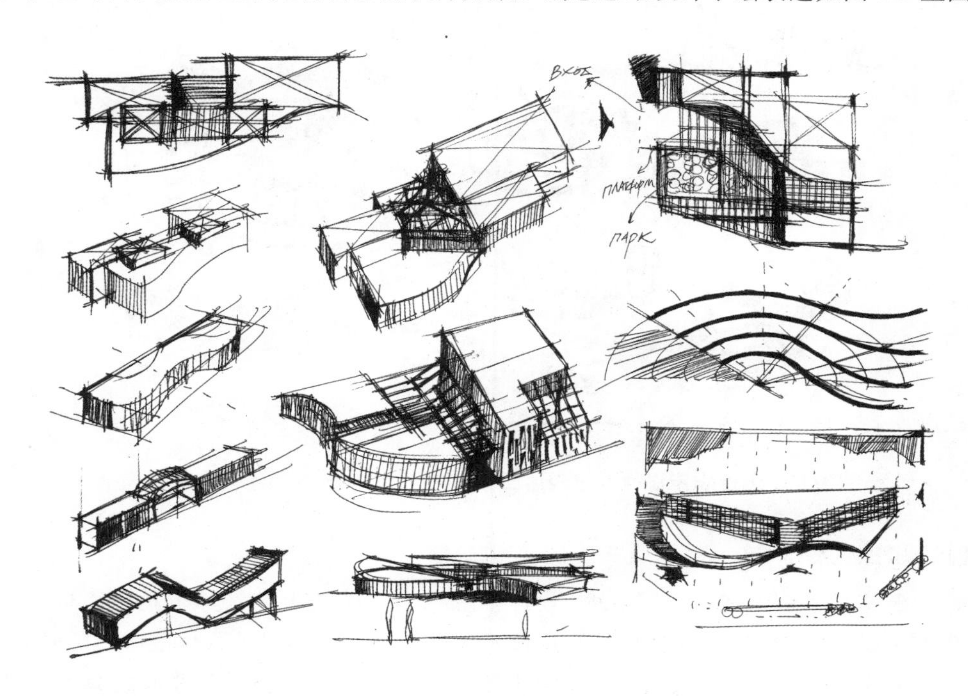

图 1-9　创意思维设计手绘表达一

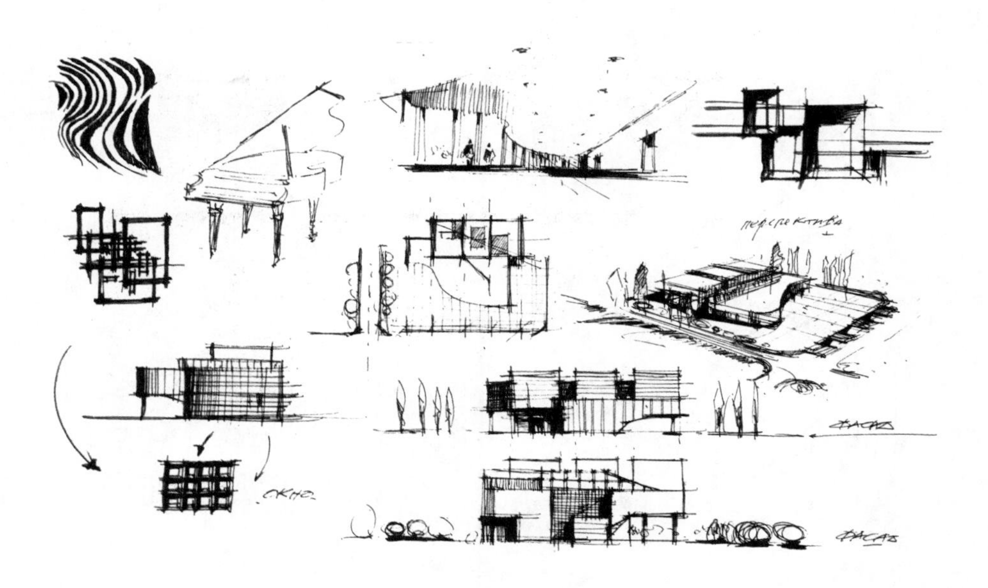

图 1-10　创意思维设计手绘表达二

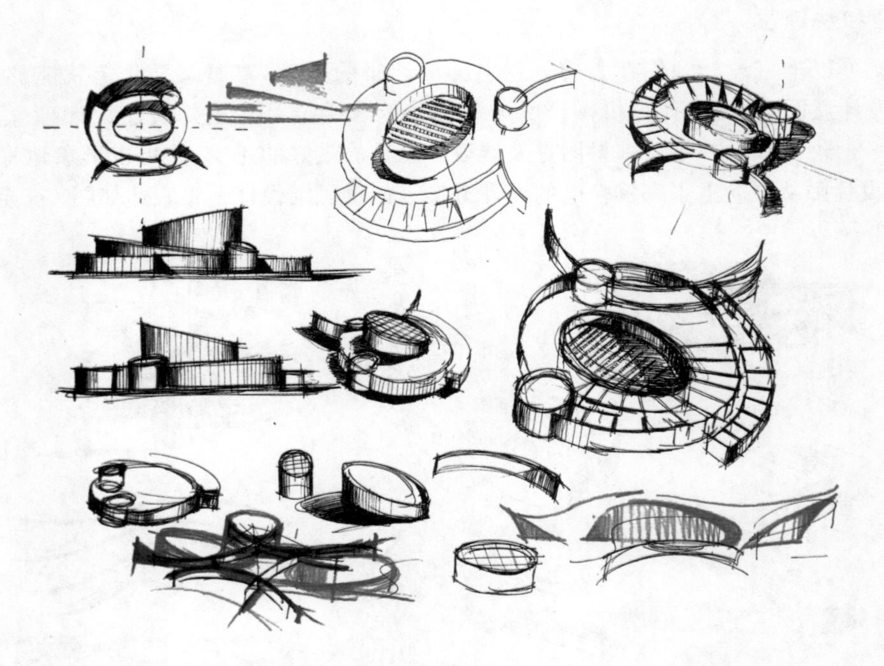

图 1-11　创意思维设计手绘表达三

3. 创意和独创性

手绘最终是为建筑设计服务的，手绘增加了设计师们在表现手法上的一种表达创意的手段。我们仔细研究一些大师在创意初期所绘制的一些设计图，虽然大多数仅仅是片段性记录，显得很随意，但却能够非常清楚地表达设计者的设计概念，为今后的深入设计阶段奠定基础，从而最终能够成为具有创造性的优秀设计作品。因此，建筑大师安藤忠雄在《大师草图》一书中也谈道，他一直相信用手绘绘制草图是有意义的。创意手绘草图如图 1-12 和图 1-13 所示。

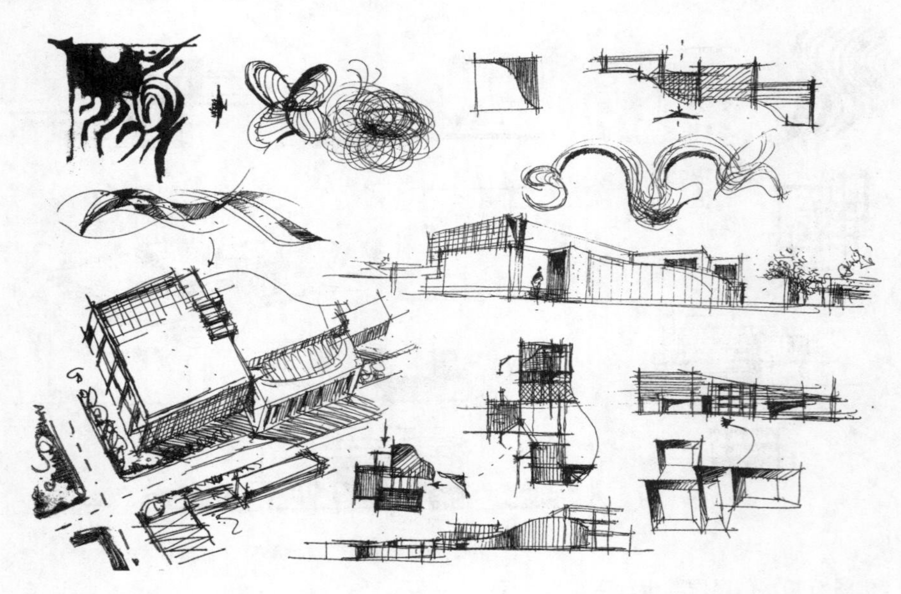

图 1-12　创意手绘草图一

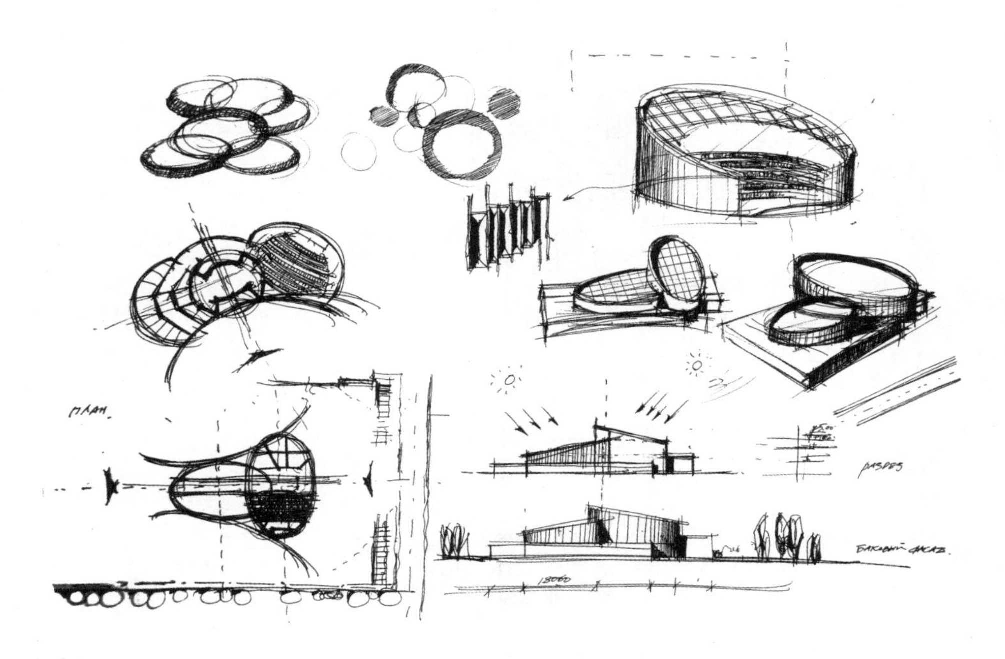

图 1-13　创意手绘草图二

4. 科学性

手绘表现图的绘制需要具备准确的空间透视，而运用画法几何法则绘制透视图是一个严谨、复杂的过程。在这个制图过程中需要能表现出精确的尺度，包括空间界面的尺度、景观设施的尺度等。还要表现材料的真实固有色彩和质感，同时应尽可能真实地表现物体光线、阴影的变化。手绘的科学性如图 1-14 至图 1-16 所示。

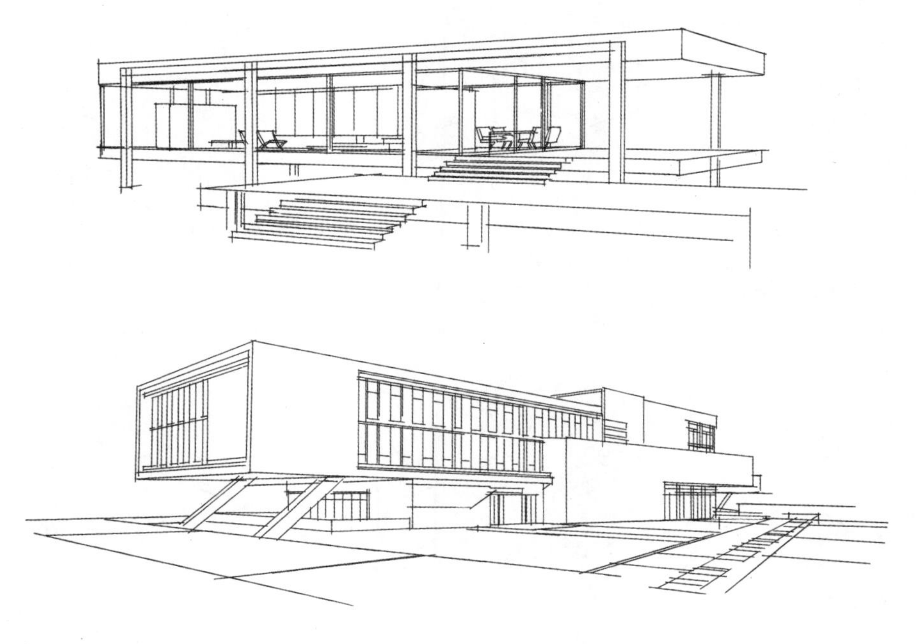

图 1-14　空间界面的尺度

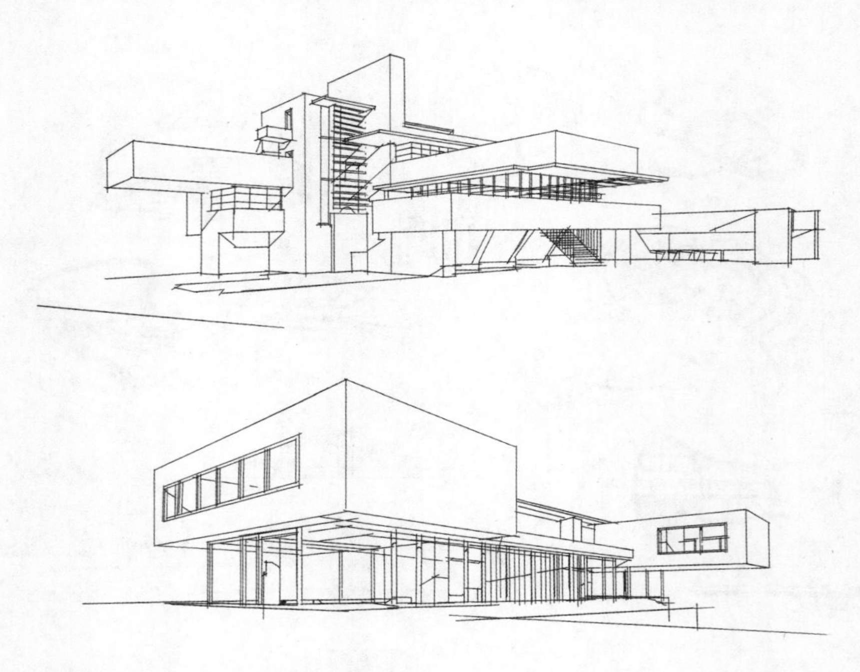

图 1-15　建筑光线、阴影的变化

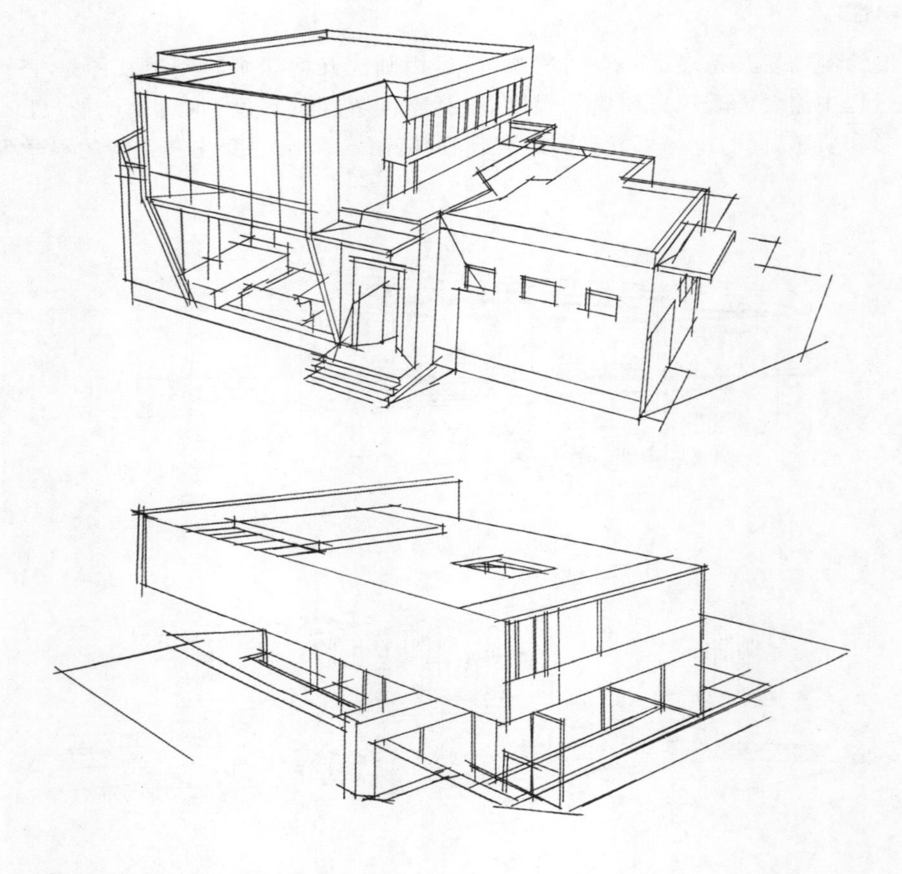

图 1-16　建筑质感的表现

1.1.2 设计手绘表现的定位

设计手绘是设计师表达自身情感和设计理念的最直接手段，它既是一种表现形式，用于展示设计者的构思，同时手绘表现的过程也展现了构思的形成过程。手绘是构思过程的载体和记录，是一种快速、直接、简单的语言，其产生的视觉效果带有强烈的艺术气息和独特的视觉冲击力，所以在计算机效果图制作发达的今天，手绘表现依然是无法替代的。

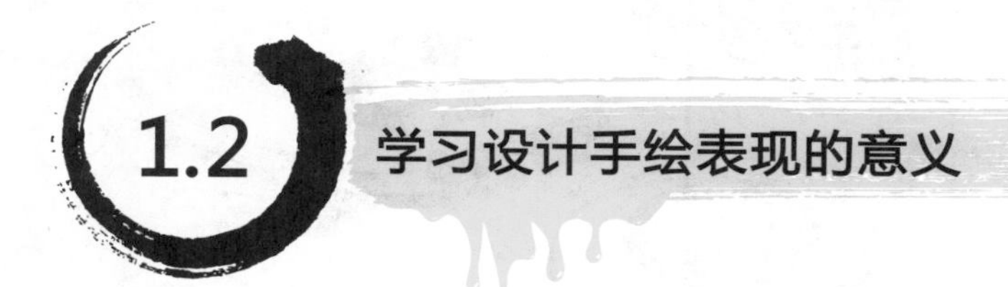

1.2 学习设计手绘表现的意义

尽管现在计算机技术发展日新月异，但就单纯的表达而言，手绘表现依然是设计表达最为直接、简洁的方式。掌握良好的设计手绘技巧不但能够帮助学生快速地进行设计表达，而且能够辅助他们养成更为严密的设计思维，还能培养他们对空间与艺术美感的感受能力。

1.2.1 设计手绘表现的应用

1. 草图

草图是表达建筑构思的最初想法，是设计过程中的重要环节，主要用于表达设计的意图和效果，它主要有以下三个特性。

第一，艺术性。草图是绘画艺术与建筑艺术的高度结合，具有独特的实用功能和审美价值。草图有像建筑素描在对明暗的理解和运用上的灵活性技巧，又像速写那样有对生活的理解和从情感中产生的魄力（即表现力度），有把握整个画面的气势和局部的效果，用笔表达时大胆挥洒，线条会随之自然流畅。

第二，快速性。草图有瞬间成形的特点，因为手绘草图是一个快速表现的过程，能随时随地很快地表达设计者的思维，帮助设计师将稍纵即逝的构思和灵感快速地记录下来，将设计师丰富的形象思维和抽象思维尽快地表现为可视图形，使设计构思更成熟。同时给予理念以形象，将抽象的思维从头脑中转化成具体的形象，并通过徒手表达的形式快速表现出来。

第三，推敲性。绘制草图的过程即为一个推敲的过程。从简单的线条变化，再到创造性活动过程中，需要不断地将头脑中构思的图形、形体、空间、组合等，在草图上进行进一步的修改加工和推敲直到完善。

手绘草图贯穿于设计的全过程，它能在第一时间、第一地点很快地表达设计者的思维，使构思更成熟，给意念以形象，将抽象的思维从头脑中转化成具体的形象，并通过徒手表达的形式表现出来。手绘草图作为建筑师设计创思的重要工具，在设计思考的不同阶段中，扮演了各种不同的重要角色，如图 1-17 和图 1-18 所示。

在设计创思初期的草图阶段，并不是已有设计的表达，而是从无到有、无中生有的设计表达过程，从简单的线条变化，再到创造性活动的过程中，都需要不断地将头脑中构思的图形、形体、空间、组合，甚至场地氛围等通过这样的图画进行表达，因为这是一种呈现设计意图的最为快捷方便的方式。

图 1-17　抽象思维转化为具象

图 1-18　手绘草图的推敲过程

在设计过程中，记忆、联想和想象，作为创造性思维的最基本的部分，对于设计草图创作的产生起着决定性作用。剖析人脑创造性思维的产生过程，可知草图作为记忆、联想和想象的辅助工具，帮助这三个部分更好地完成其使命，从而达到草图创新的飞跃。设计师将自己的记忆、联想、想象体现于手绘草图中，其从本质上来说手绘草图就是这三种思维方式的结合体。每一张建筑草图的都是由这三部分思维方式拼接产生出的线条所构成的。但是由于建筑师思维差异或阅历有所不同，三部分的构成比例也各有不同。

(1) 记忆体系为主的草图，带给设计师非常经验化的草图，这些草图凝聚了前人，甚至可能是设计师本人研究的成果，这些是源于知识的积累。

(2) 联想体系为主的草图，能体现设计师对于现有事物进行改进的需求，这类的草图不仅仅是效仿，而且是对于前人经验的再次改良。

(3) 想象体系为主的草图，是设计师在进行大胆创造性设计的设想，预示着对原有设计经验的突破，以实现在设计新领域的开发。

在设计过程中草图所包含的信息是无穷无尽的，从建筑设计细节到景观园林设计，再到城市规划设计，都可以非常灵活地出现在草图的任何一个地方，设计师通过草图来不断记录下设计过程中的点滴构思，使草图成为“凝固”思考成果的手段，设计者的思考、修改、取舍的过程都被记录于其中，所以从这个意义上来说，草图可能不仅仅是“图”，也记录了设计者设计创思形成的过程。当然草图绘制过程并不一定是正式的，它包含着不断修正和多层次的复合信息，但又应该是准确而刻意的，因为草图的目标是直指现实世界，而且这样的准确性在设计的发展过程中将会越来越趋于明显，草图将会逐渐演化为正式的设计图纸。所以说，一份满载思想火花的草图会有力地推动设计的进步发展。创意手绘草图如图 1-19 所示。

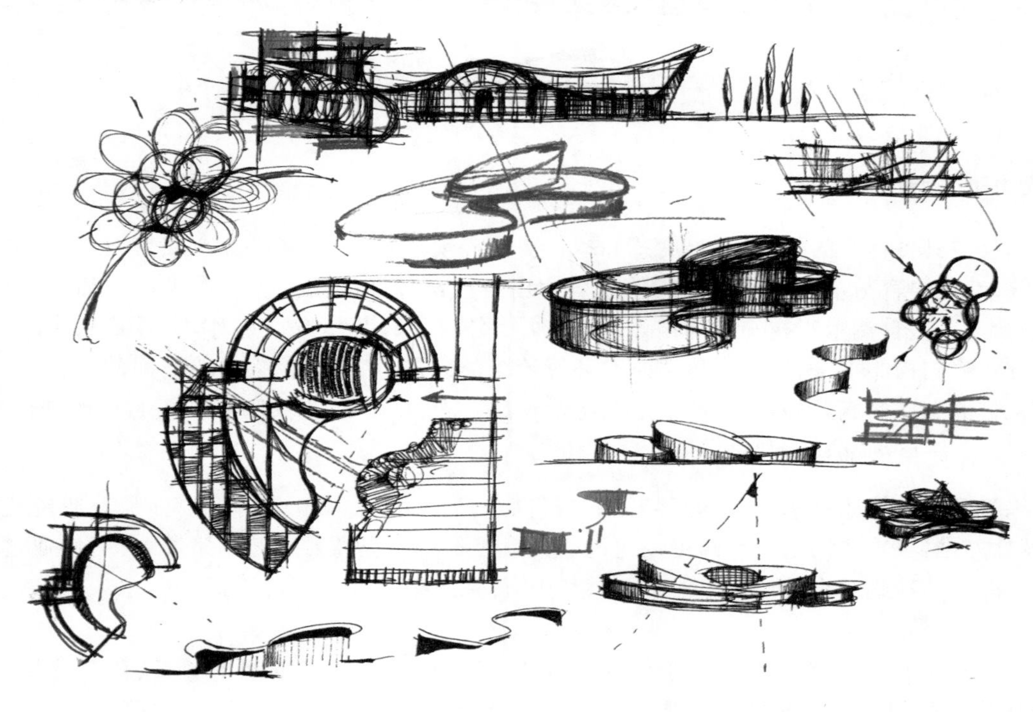

图 1-19　创意手绘草图一

徒手草图是建筑师语言的重要部分，是建筑设计中最基本的推敲手段之一，它有着自身鲜明的特征与特定的生成方式。徒手草图也是设计者重要的信息交流手段之一，一方面是设计师自身与设计对象的交流，另一方面是设计师与他人的交流。在设计过程中通过对草图本身的研究探讨，能帮助设计师将稍纵即逝的构思和灵感快速地记录下来，也就是将设计师丰富的形象思维和抽象思维尽快地表现为可视图形，这样有助于设计者清晰地知道怎样扬长避短的选择不同的"推敲"方式，如图 1-20 所示。

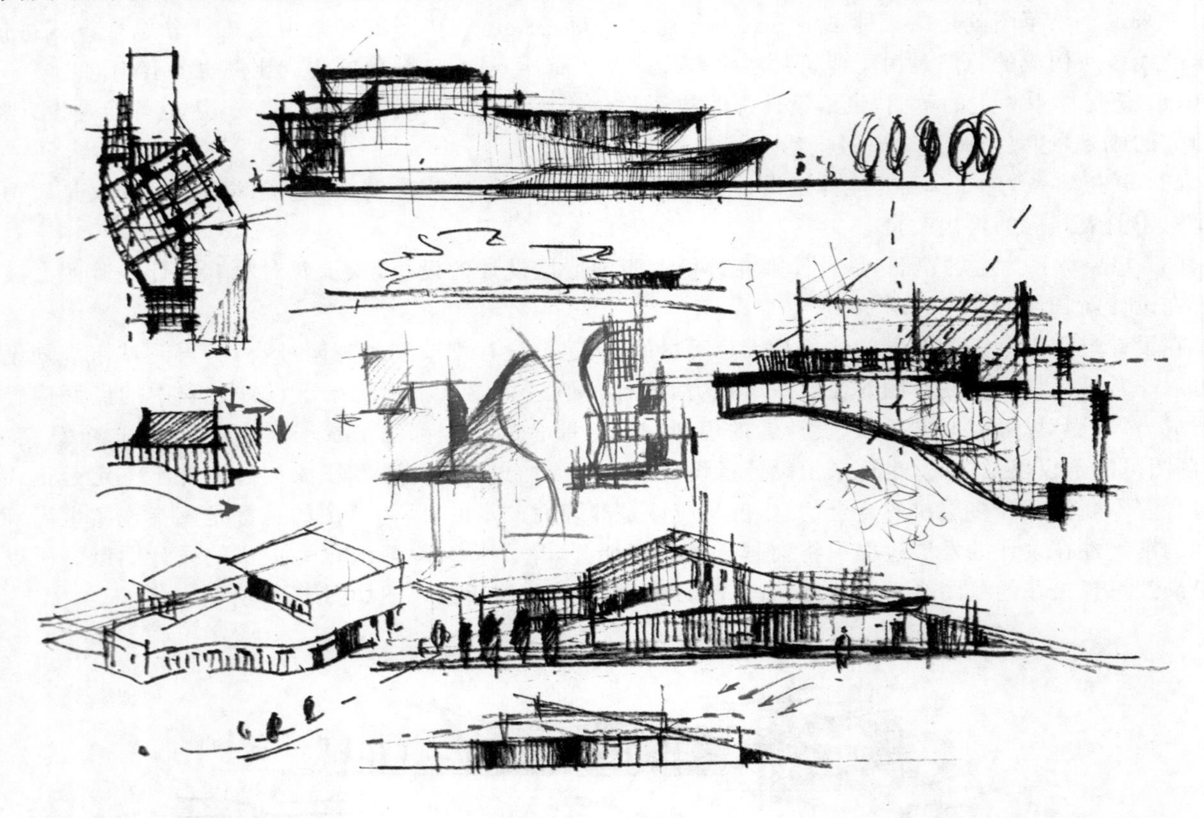

图 1-20 创意手绘草图二

设计师不仅应具备良好的空间感、尺度感和擅长徒手表现的技巧，更要求具有表现力、创造力的绘画意识，以及具有以专业语言与手绘草图等形式随意表达出自己设计意图的能力。作为设计师，应当经常到大自然中去，去参观一些自然景观或知名建筑，或者中外知名的古镇及建筑遗迹等，去寻找创作的灵感，并用徒手草图的方式将它描绘下来，用心去感悟时空环境给予的启迪，用笔去捕捉建筑空间的内在之美，记录下尺度及建筑文化的点点滴滴，不断地陶冶自己的生活情趣，丰富自己的艺术细胞，激发自己的创作激情。

2. 设计效果图的绘制

设计师练习手绘效果图表达，除了能够锻炼和提高造型能力以外，也能增强设计师对造型艺术的敏感度，并活跃设计思维，更重要的是设计师可以通过相关练习不断地提高自身艺术素养，有时候通过对建筑效果图的绘制就能生动地刻画出设计构思的精髓。其中，设计效果图有如下特征。

1）真实性

设计效果图中的形体必须符合透视学的基本规律，同时图面表达中的阴影关系、色彩选择、人物处理等也必须遵从相关的规律。效果图中的形体构图在画面上的位置、大小、比例、方向等需要符合透视学的规律，否则画面会显得失真，同时画面中不同元素之间的关系就会显得格格不入，如图 1-21 和图 1-22 所示。阴影效果的运用关系到画面的真实感，良好的阴影深浅、透视关系能够使整个建筑效果图的空间层次感更加清晰、画面纵深感突出。建筑效果图的色彩运用不能过于夸张，而应能如实地反映出真实感，如图 1-23 所示。

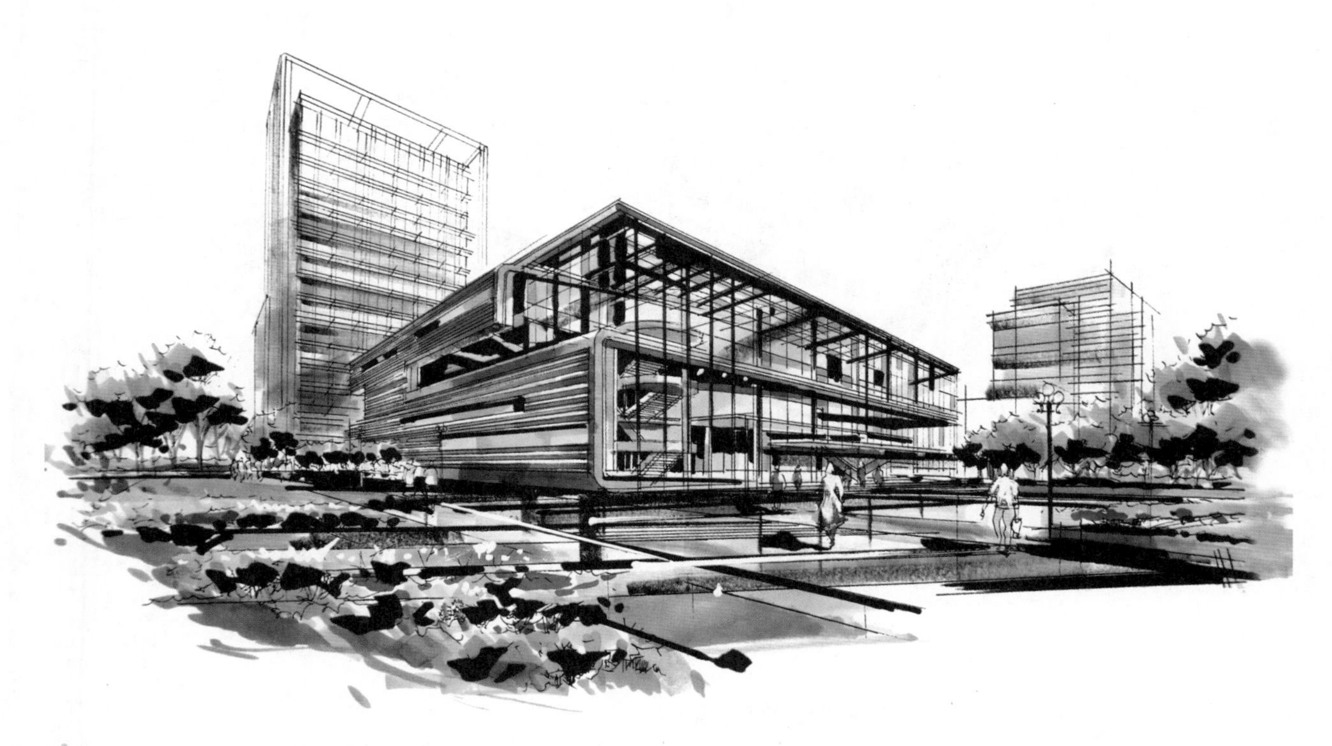

图 1-21　手绘效果图的透视表现

图 1-22　建筑形体的透视表现

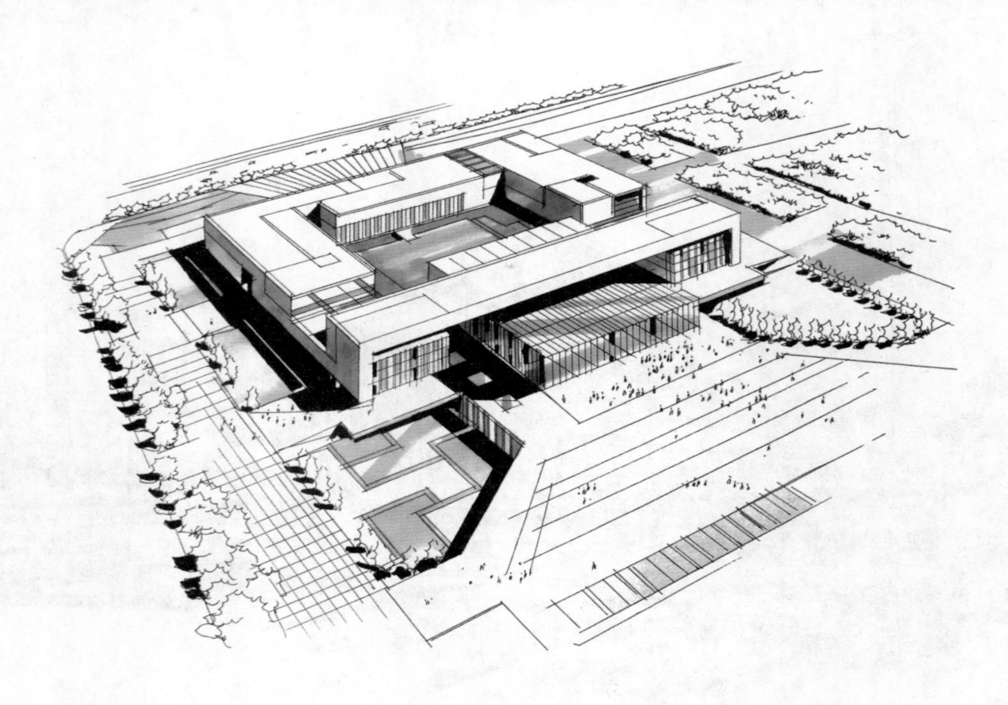

图 1-23　阴影效果带来的空间层次感

2）风格性

一幅建筑效果图的表达效果中艺术性的强弱，取决于绘画者本人的思考角度与气质。通过在制图过程中运用不同的手法与技巧，建筑效果图表达出来的风格迥异，这充分展示出绘画者的个性与灵性。建筑效果图的风格化绘制需要经验的不断积累，才能够较好的摸索出适合自身的绘图技巧。如图 1-24 所示为水彩手绘表现，如图 1-25 所示为马克笔快速表现，如图 1-26 所示为园林景观表现。

图 1-24　水彩手绘表现

图 1-25　马克笔快速表现

图 1-26　园林景观表现

1.2.2 手绘表现对设计师的意义

手绘快速表现与计算机效果图均是设计师创作的语言，但二者之间的区别较大。从图面表达的角度看，计算机效果图显得更加真实而手绘效果图则比较生动概括，如图 1-27 所示。在表达速度与特点上，计算机效果图出图速度较慢但是易于反复修改，适合于方案设计的后期阶段；而手绘效果图出图速度快且风格简洁，因此适合勾画方案设计的概念草案，易于让设计师发挥自身的想象力。

图 1-27 计算机效果图的真实性

从设计思维的培养角度来看，计算机软件的操作方式过于程式化，而影响了设计思维的发散性，所以不适合进行设计创意。而手绘效果图可以在快速勾画的过程中培养设计师的三维思维能力、激发联想与想象力。此外手绘表达能很直接的表达出设计师的设计意图，如果设计师有良好的手绘基本功的话，可以在极短的时间画出方案概念图，便于设计构思的不断推敲和完善。

小结

本章重点阐述了手绘表达对于设计师创作的重要性，它是一种自由的绘图方式，无法完全被计算机取而代之。设计师应当在方案推敲的不同阶段根据工作任务的要求与特点采用适当有效的设计手段。

课堂练习

列举并分析几个建筑大师绘制的构思草图。

手绘表现基础

SHOUHUI BIAOXIAN JICHU

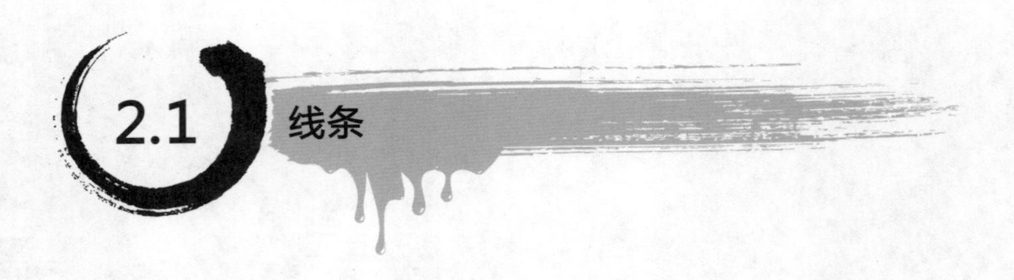

2.1 线条

2.1.1 线条的类型

在手绘表达中，线条是最基本的构成元素，具有构筑造型的特点，优美的线条可以体现出设计师的艺术修为和扎实功底，对于提升设计表现力具有非常大的作用，因此对于线条的练习需要长时间的坚持和积累。线条的样式也是千变万化的，不同的线条所表达出来的效果也有很大不同，如图 2-1 所示。

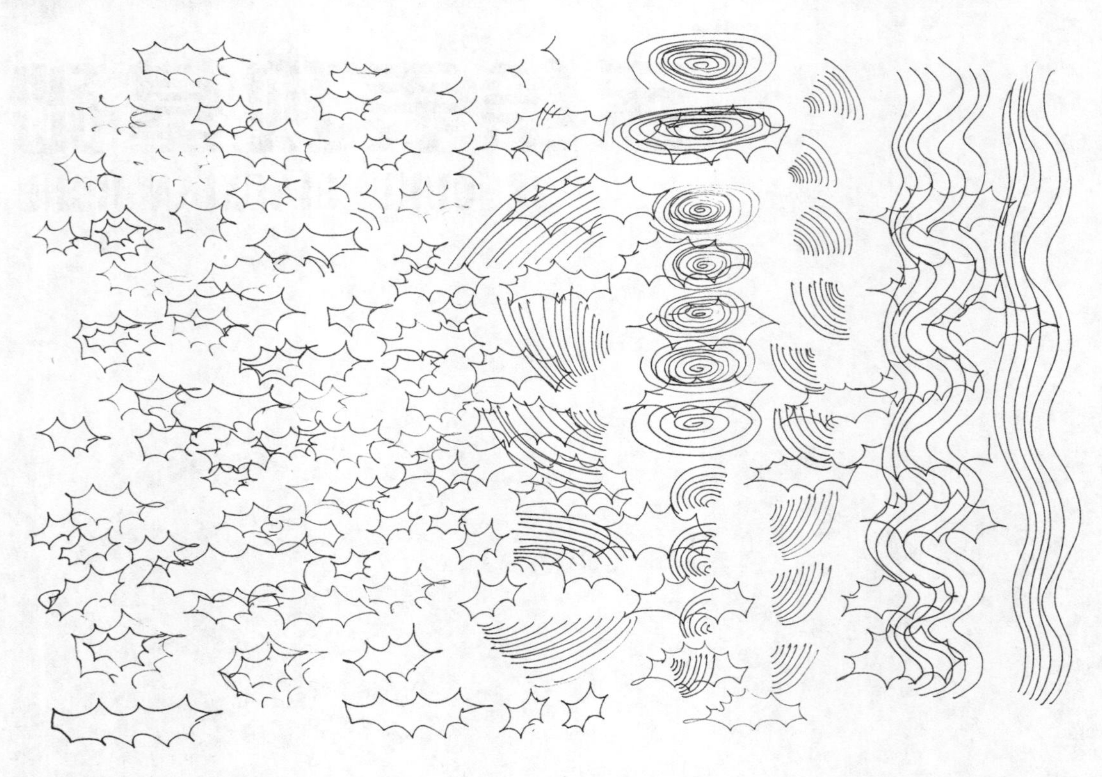

图 2-1　不同的线条类型表达

1. 直线

直线是最常用的一种线条，它具有方向性和连续性的特点，在各类设计手绘中使用得较多，练习直线的时候应注意短直线、长直线交替练习为宜。

2. 轻柔线条

轻柔线条边缘柔和、颜色轻浅，不同于颜色很深、轮廓分明的线条。事实上物体上并不存在线条，当作品完成时，轻柔的线条就成了物体的一部分，如图 2-2 所示。

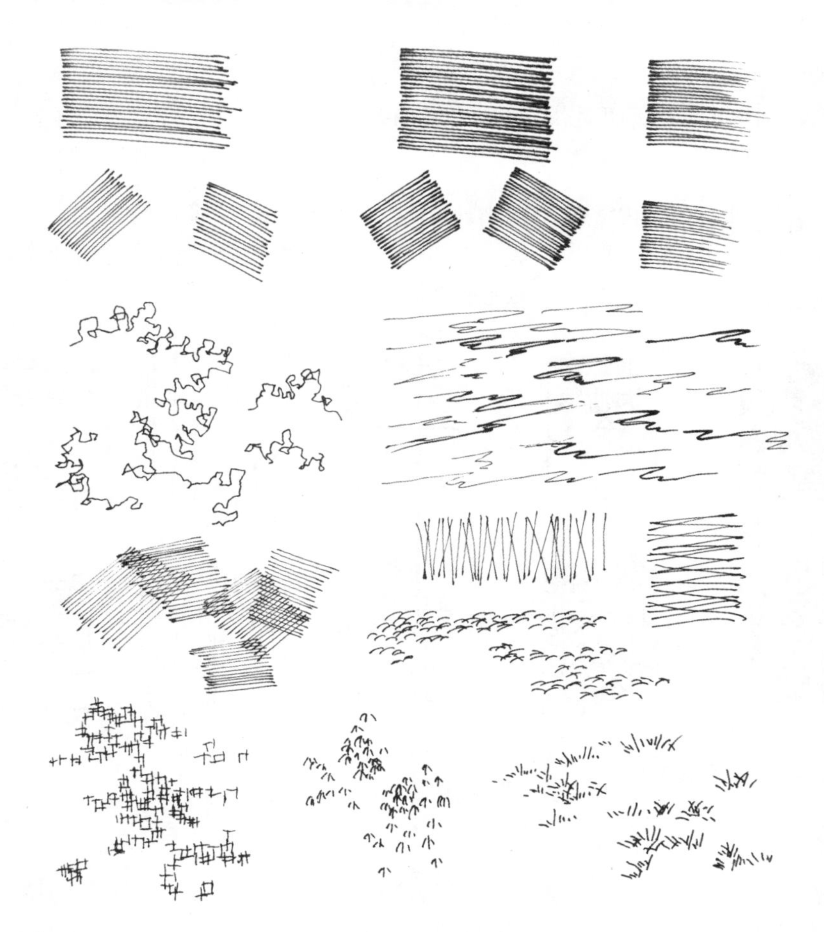

图 2-2　轻柔线条示意

3. 变化线

变化线是一条粗细深浅都发生变化的线。它能使画面显得具有立体感和真实感，如图 2-3 所示。

图 2-3　变化线条示意

4. 机械线

机械线是使用工具画出的，干净而爽快，快速而精确。

5. 徒手线

徒手线柔和而富有生机，可以很快地勾勒出小尺度的物体。徒手线在绘线时需要保持线的力度和方向，用稍微自然抖动的线条去表现设计图，给人一种收放自如、轻松飘逸之感。起笔回落式的线条让设计师在设计创作过程中更有乐趣。徒手线条示意图如图 2-4 所示。

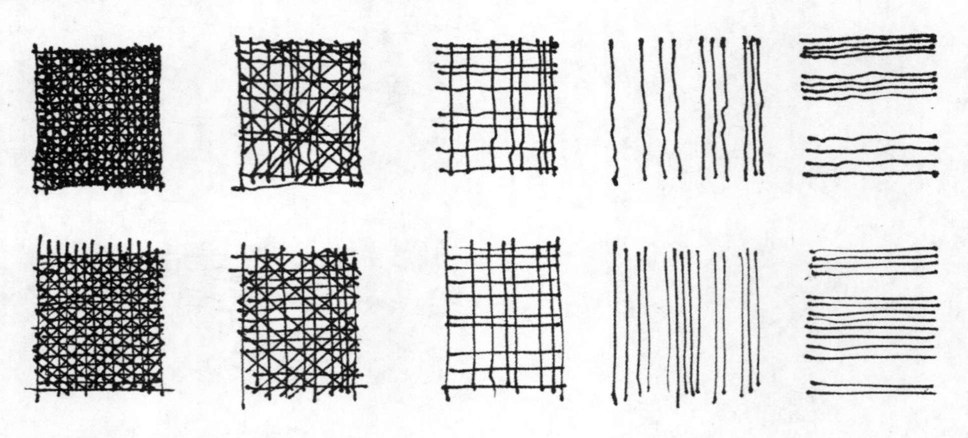

图 2-4　徒手线条示意

6. 重复线

重复线通过重复主线，可以使物体产生三维效果，通过重复用线可以增强线条的厚重感，控制好起笔和收笔，形成一定的线条次序。重复线条的示意图如图 2-5 所示。

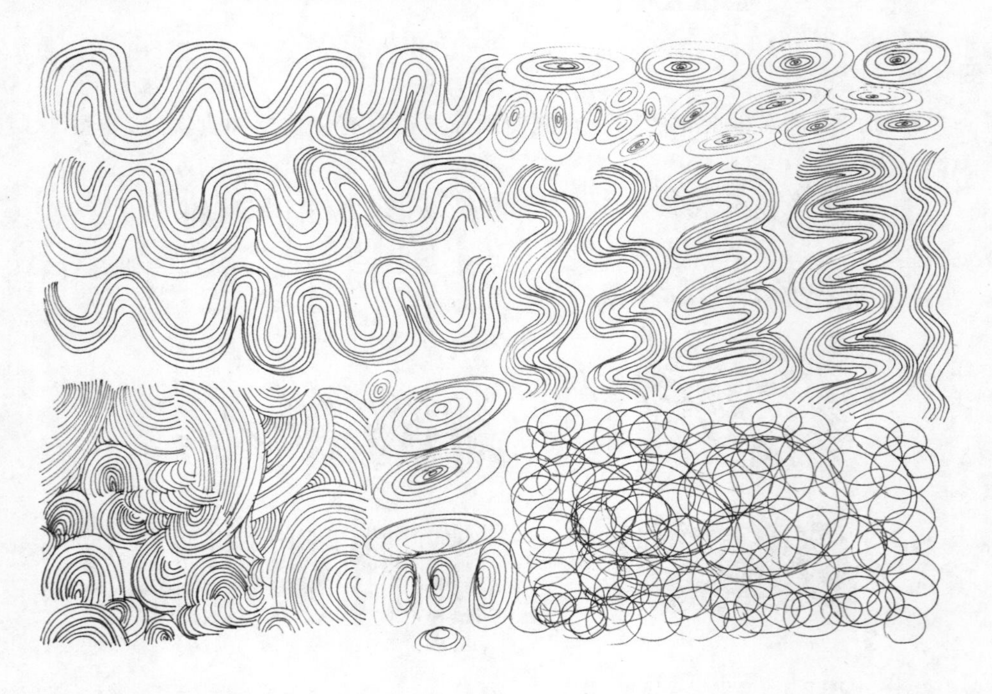

图 2-5　重复线条示意

7. 结构线

结构线轻而细，用于初步勾勒物体的轮廓框架。常使用结构线来推敲画面的整体布局，非常便于修改，如图 2-6 所示。

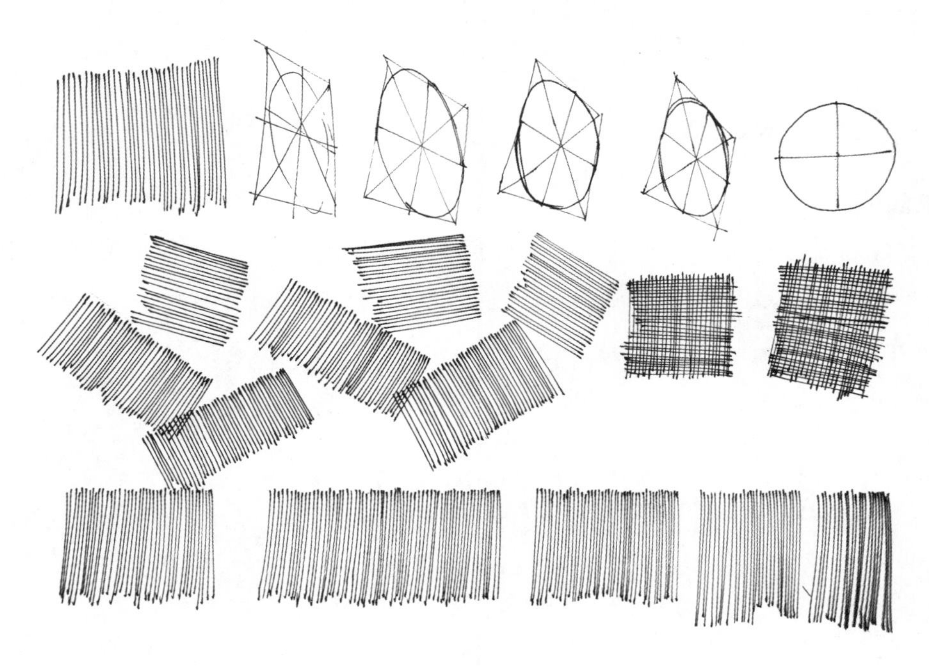

图 2-6 结构线勾勒轮廓框架

8. 连续线

连续线是一条快速绘出的、不停顿的线，如图 2-7 所示，其用于快速勾勒物体轮廓。

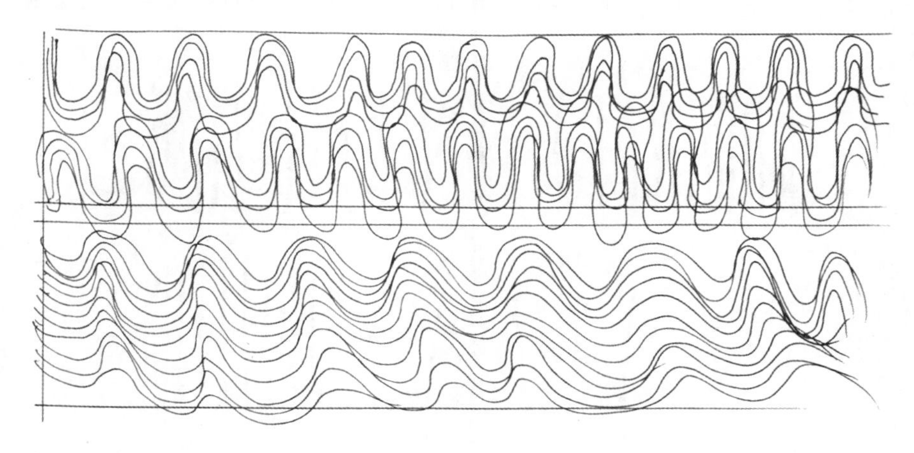

图 2-7 不停顿的连续线

9. 射线

射线可以由一个点向外发散 360°画线，也可以由外向一个点聚集画线。练习不同方向用线的能力，如图 2-8 所示。

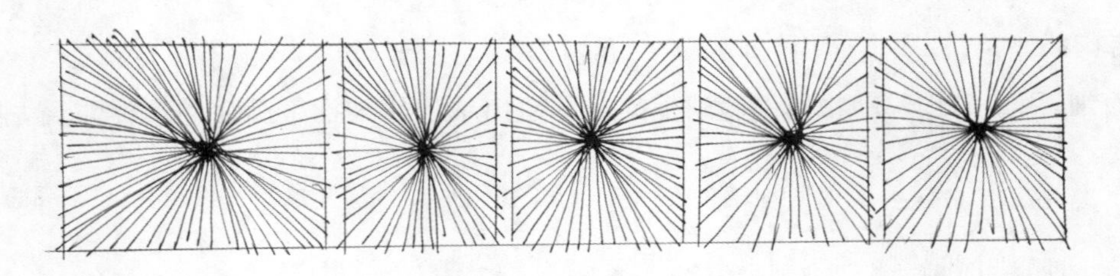

图 2-8　射线示意图

10. 弧线

弧线分为正弧线和反弧线两种。弧线的练习着重于用笔果断肯定，在均匀速度下一气呵成，如图 2-9 所示。

图 2-9　弧线示意图

11. 顿-走-顿线

顿-走-顿线是带有明确的起点和端点的线条，其使画面更加生动，而且使人产生线条粗细一致的错觉，如图 2-10 所示。

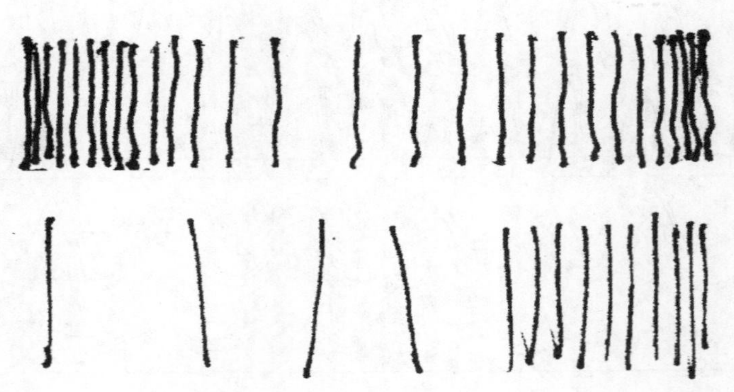

图 2-10　顿-走-顿线

12. 出头线

出头线使形体看上去更加方正、鲜明而完整。画出头线显然比画刚好搭接的线更容易和快捷，并可以使绘图显得更加轻松而专业。

13. 圆弧线

圆弧线分为顺时针画圆和逆时针画圆两种，在平面图中常用于绿植、遗迹、灌木丛的表现，如图 2-11 所示。

图 2-11 圆弧线示意图

14. 点

点用来刻画纹理和细节，同时还能产生渐变效果，如图 2-12 所示。

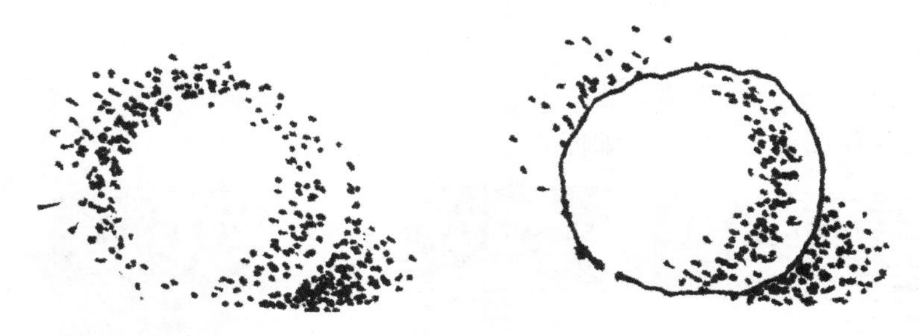

图 2-12 点的疏密变化

15. 轮廓线与色调线

事实上，物体上并没有线条，因此物体的轮廓线常用细线，稍微重一点，用于控制内部填充的线条，而用来填充调子的线条一般粗而轻。

16. 粗线

使用粗线可以产生均匀的表面，粗线有助于很快的完成大致的画面，并产生光滑的效果，如图 2-13 所示。

图 2-13　线条的粗细表达

17. 均匀线

现实生活中是没有线条的，因此，使用均匀线可以使效果更加真实。

18. 细线

使用细而轻的线条可以使画面变得柔和而生动。细线常在较大的图中使用，因为它们比较容易辨认。

19. 越界

当使用渐变效果时，有意让一些线条与物体的轮廓线交叉，这样可以使画面产生柔和而随意的效果。

20. 45°短线

45 °短线就是一系列与绘图页面成 45°的短线。这种线可以使画面产生统一和流畅的效果。

21. 渐变

由于光的反射，渐变存在于任何物体之上。虽然人的眼睛不会很快地感受到渐变的存在，但仍然需要在绘图中体现这种效果来使画面更加真实，如图 2-14 所示。

图 2-14　线条渐变使画面更加真实

22. 条纹

条纹用来刻画趣味中心，表现出高光、深度、动感的效果，打破呆板的局面，也可以用来表达阴影和斜坡，如图 2-15 所示。条纹也能使画面更加流畅。

图 2-15 条纹表现出高光、深度的效果

2.1.2 排线练习

1. 排线方式

在练习排线时一定要首尾与结构线对齐，不然会给人画面中有很多废线的感觉，同时画面会显得很杂乱，排线的变化可以将体块变化有效地表现出来。

排线线条分为快线、慢线两种，不同的线条画出的感觉完全不一样，都有其各自的特点，快线起笔和收笔的用笔需要肯定、果断。行笔时迅速划过直面，一般常用于建筑、规划、室内等专业需要表现硬朗质感的地方。慢线起笔和收笔要有顿挫感，画线时需要保持一定的力度和方向，稳而有序地画线，常用于建筑、规划、景观等专业需要表现草图创意的时候。快线具有冲击力，有硬朗的感觉，图面风格饱满而富有张力；此外，快线对于透视的要求要高一些，需要长时间的练习。起笔时要放松且肯定，下笔前要考虑线条的透视、角度、长度，在起笔时能够通过回笔来寻找透视角度。仔细观察可知，绘制快线就如同射箭一样，需要快而准，遇到长线时可以分段画或借助尺规。画线时尽量使手臂所在直线与画线方向成 90°的夹角。

平面排线练习如图 2-16 所示，体块排线练习如图 2-17 和图 2-18 所示。

图 2-16　平面排线练习

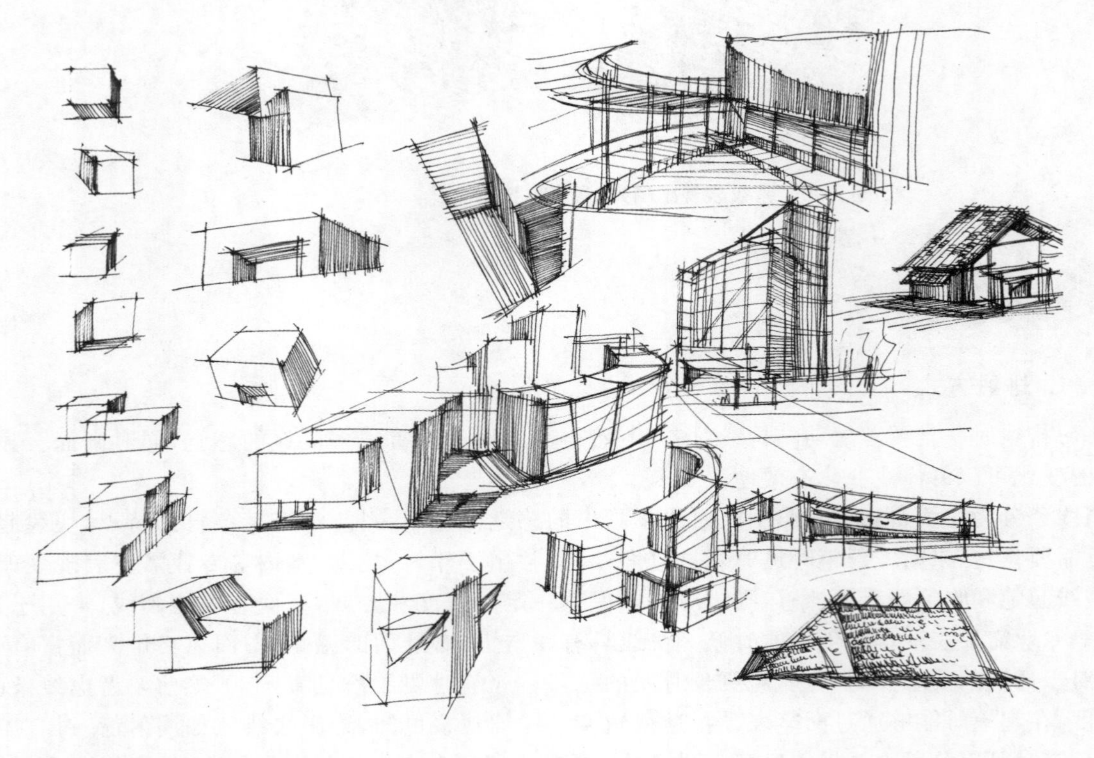

图 2-17　体块排线练习一

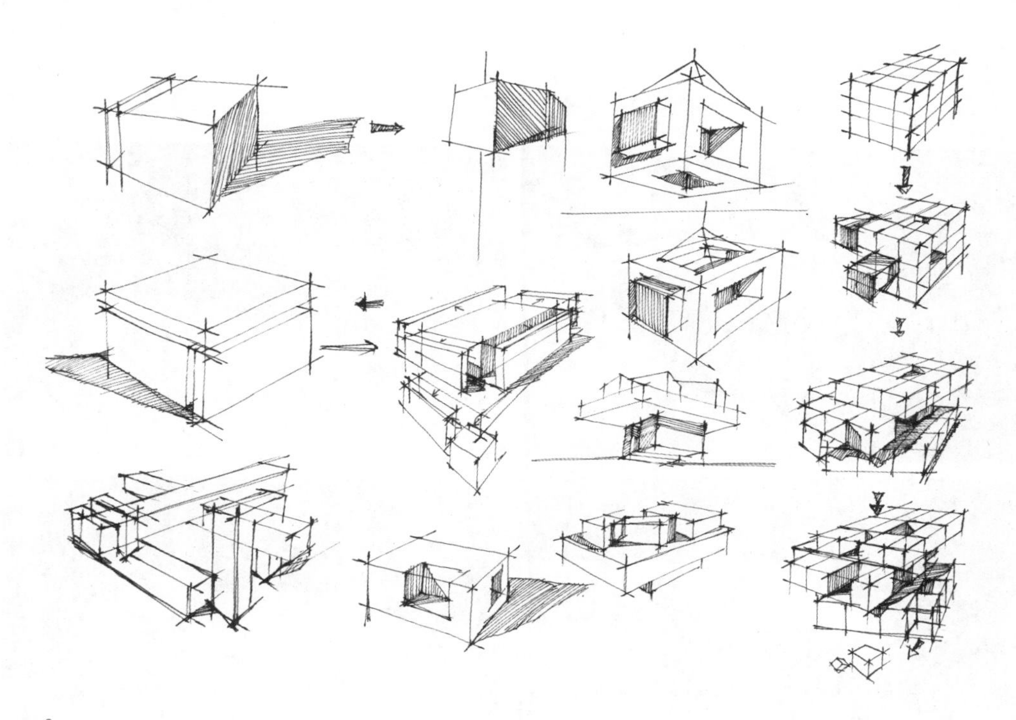

图 2-18　体块排线练习二

2. 线条的握笔、运笔方式注意事项

（1）绘制线条时手指关节、手腕不能动，应通过手臂的整体运动来绘制线条。

（2）手侧面不能悬空，要与纸面接触。

具体握笔和运笔的方式如图 2-19 所示。

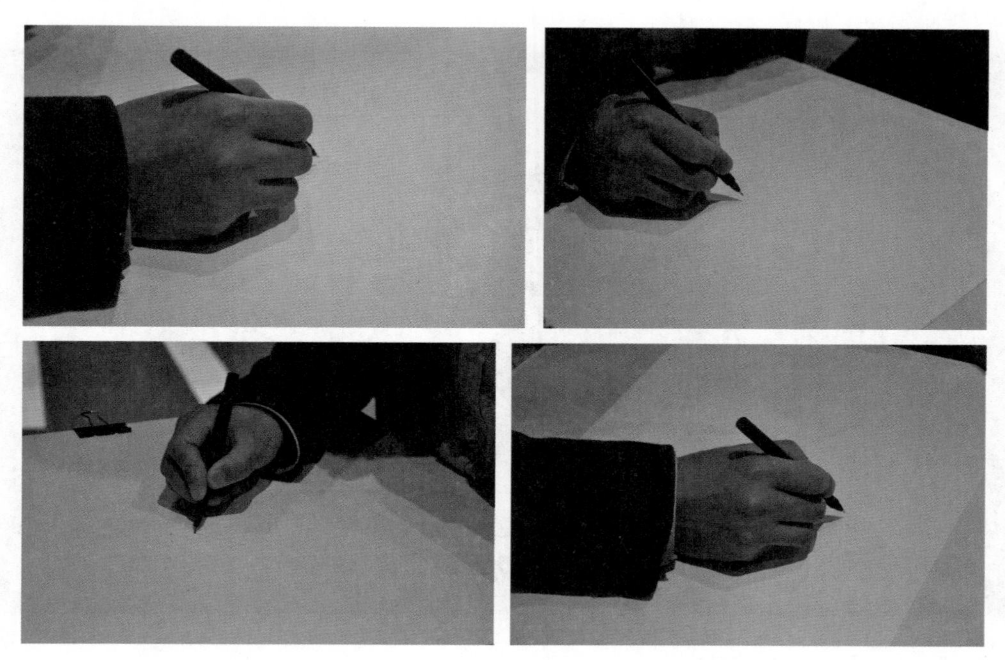

图 2-19　线条握笔、运笔方式

3. 双手控制画笔和画纸

双手控制画笔和画纸，掌握整个图面，如图 2-20 所示。

图 2-20 双手控制好画笔与画纸

4. 注意坐姿

注意坐姿，腰背挺直，如图 2-21 所示。

图 2-21 腰背挺直、控制坐姿

2.2 形态

2.2.1 正方形

正方形的形体与组合如图 2-22 所示。

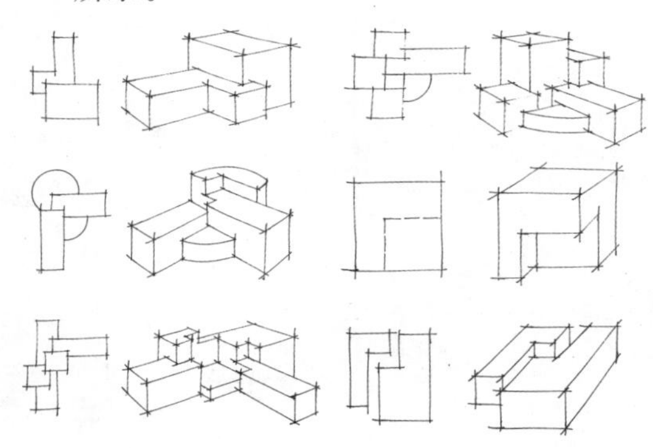

图 2-22 正方形的形体与组合

2.2.2 圆形

圆形的基本形体如图 2-23 所示。

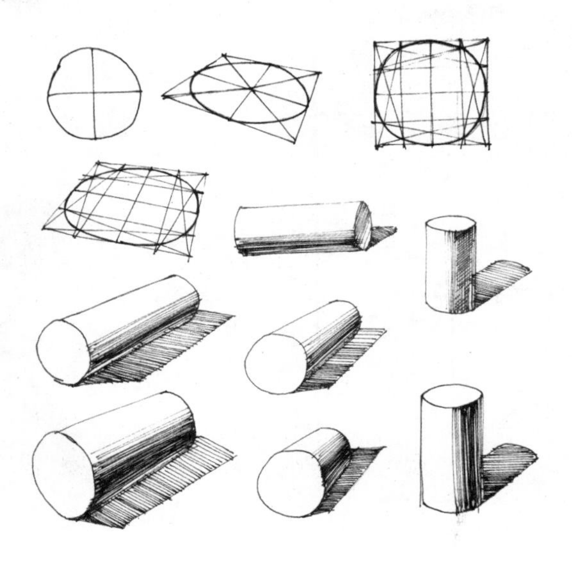

图 2-23 圆形的基本形体

2.3 体块

2.3.1 单体训练

方形单体训练如图 2-24 所示，方形形体组合如图 2-25 和图 2-26 所示。

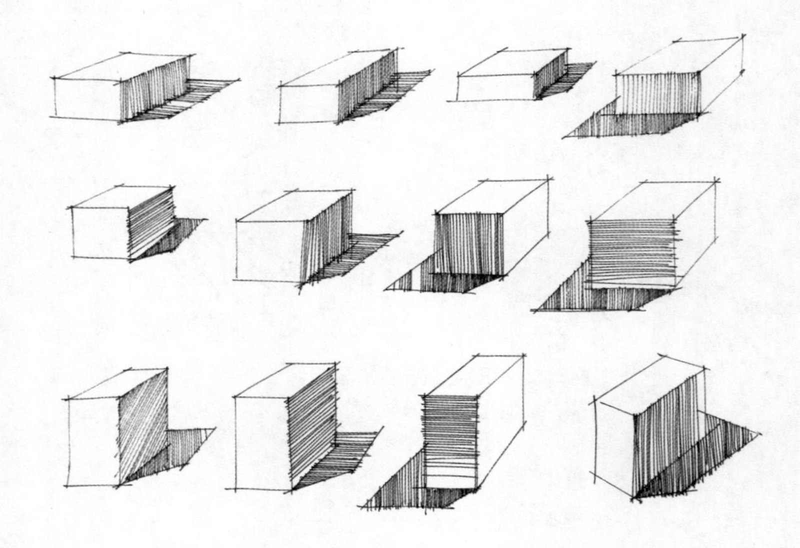

图 2-24 方形单体训练

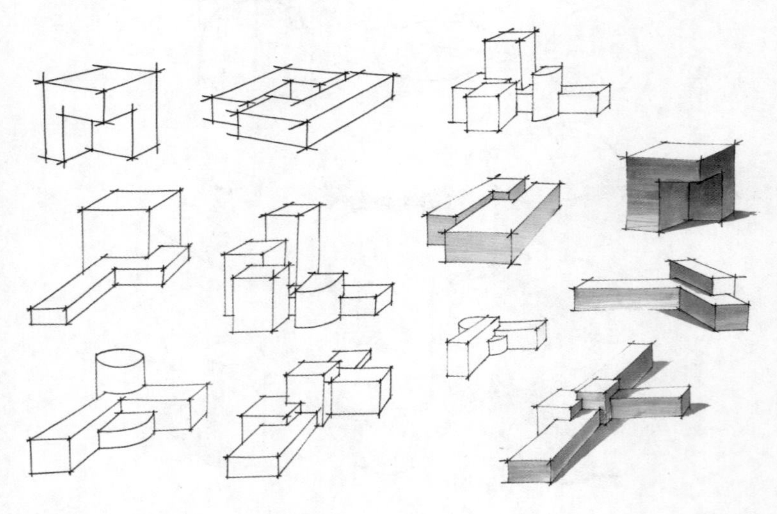

图 2-25 方形的形体组合一

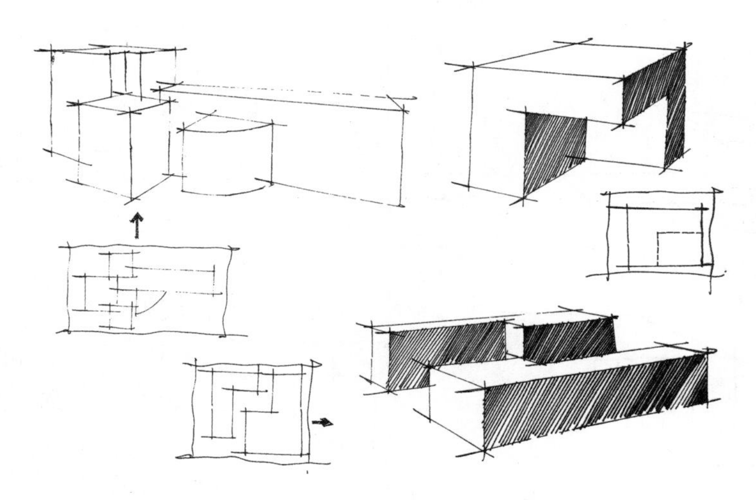

图 2-26　方形的形体组合二

2.3.2 单体组合训练

单体组合训练如图 2-27 至图 2-37 所示。

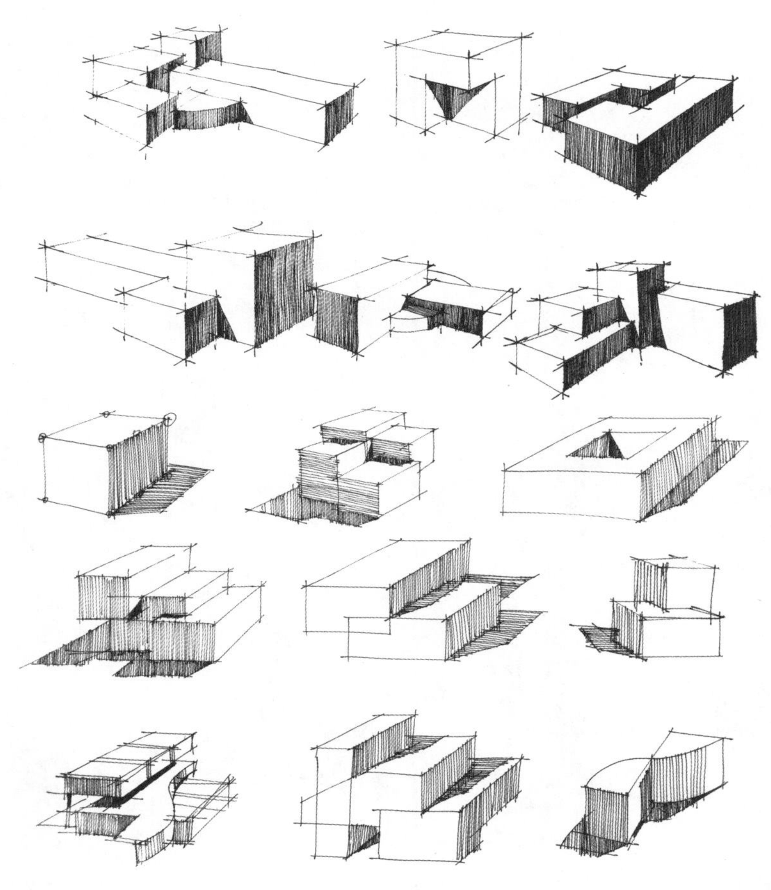

图 2-27　方形基本形体的组合

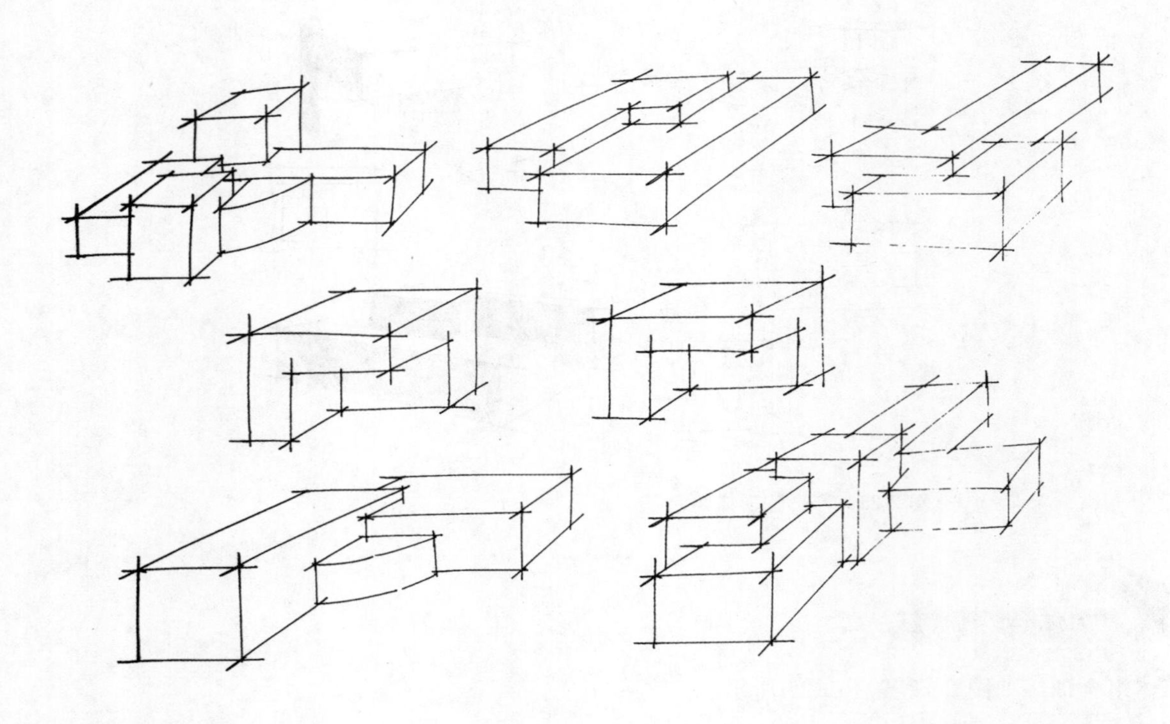

图 2-28　方形的形体组合一

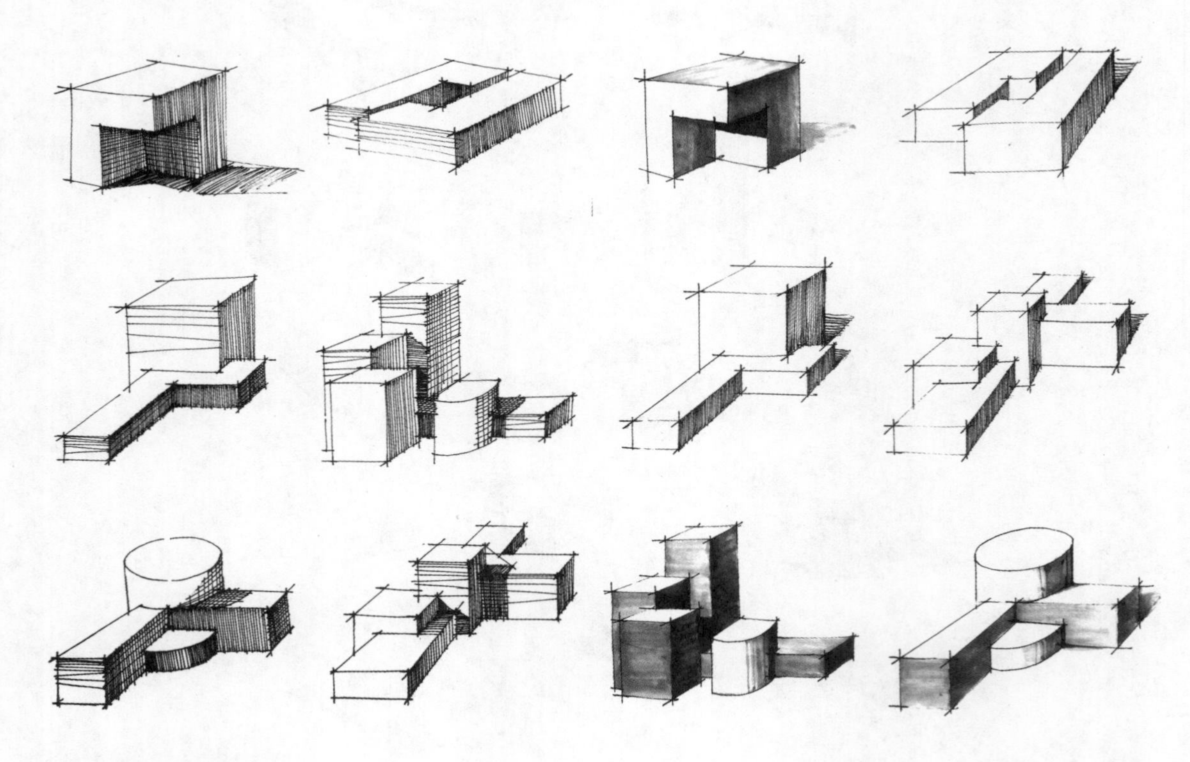

图 2-29　方形的形体组合二

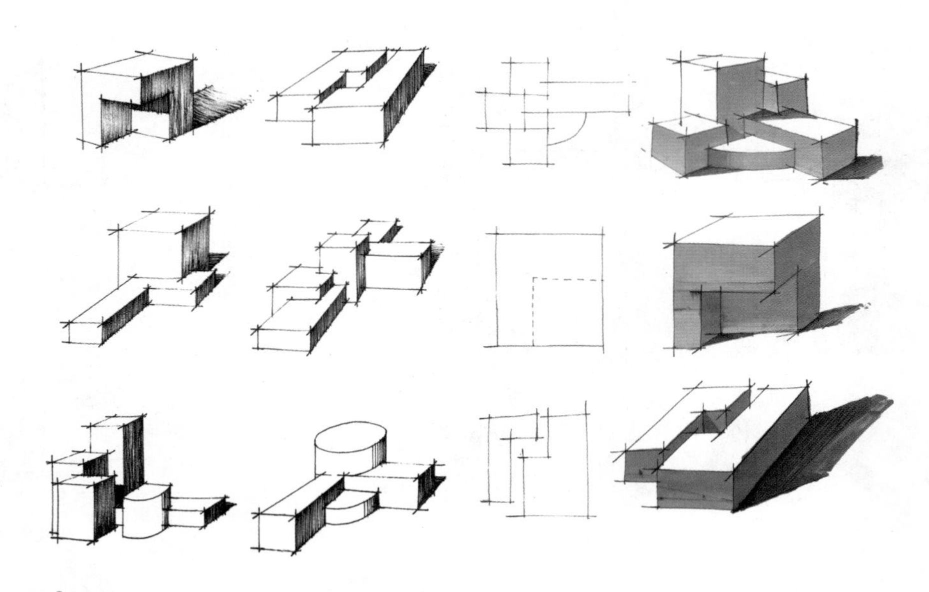

图 2-30 方形的形体组合三

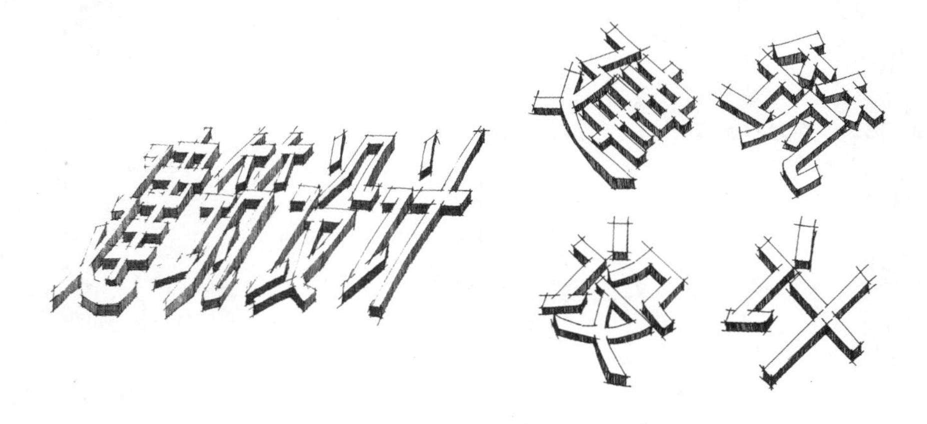

图 2-31 线条字体练习一

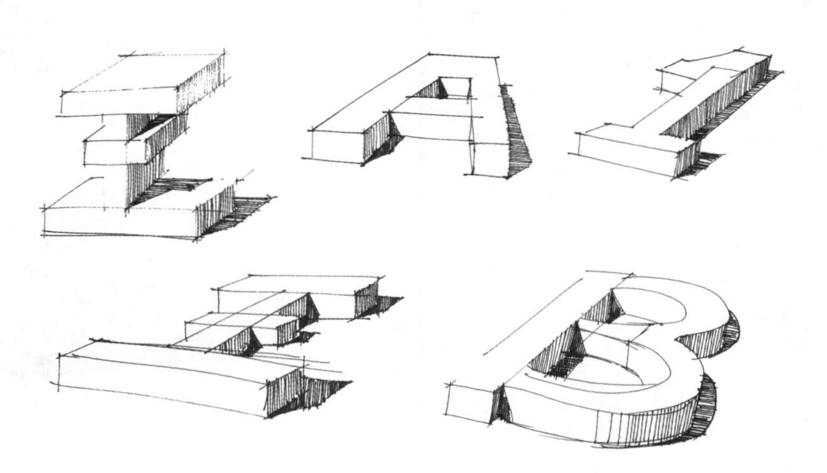

图 2-32 线条字体练习二

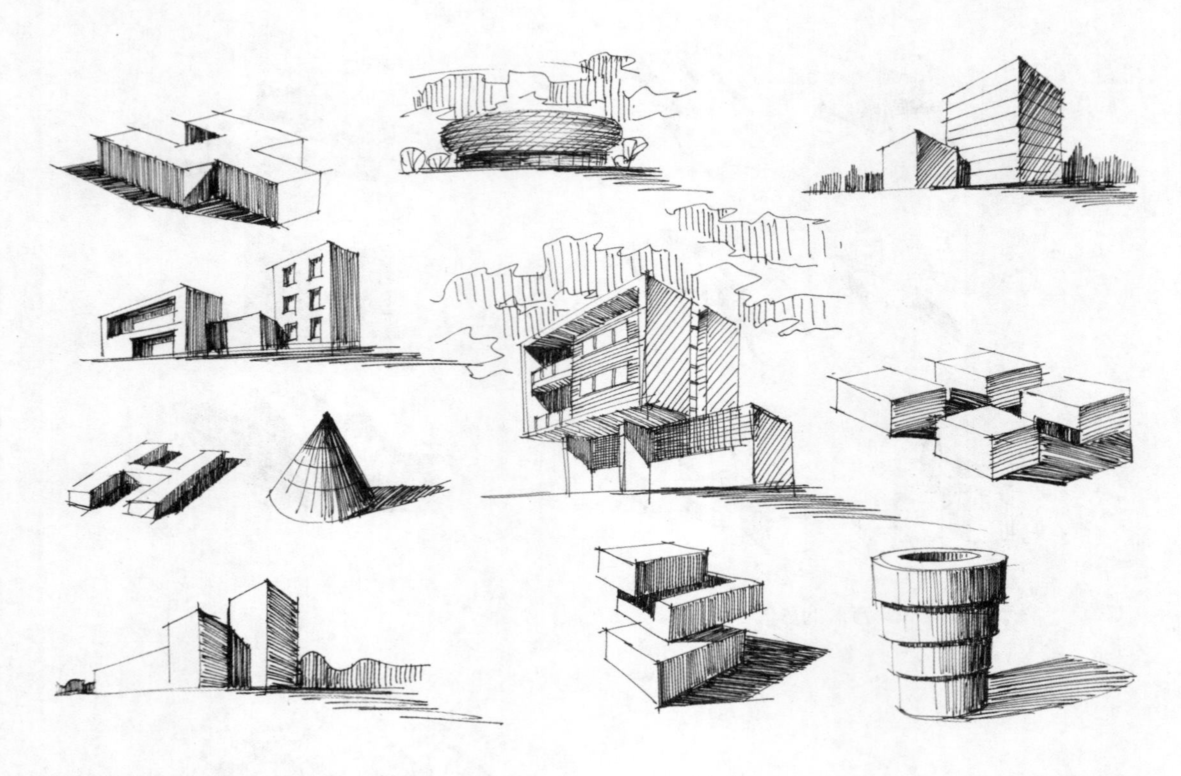

图 2-33　形体转换为建筑体块

图 2-34　形体组合转换为配景

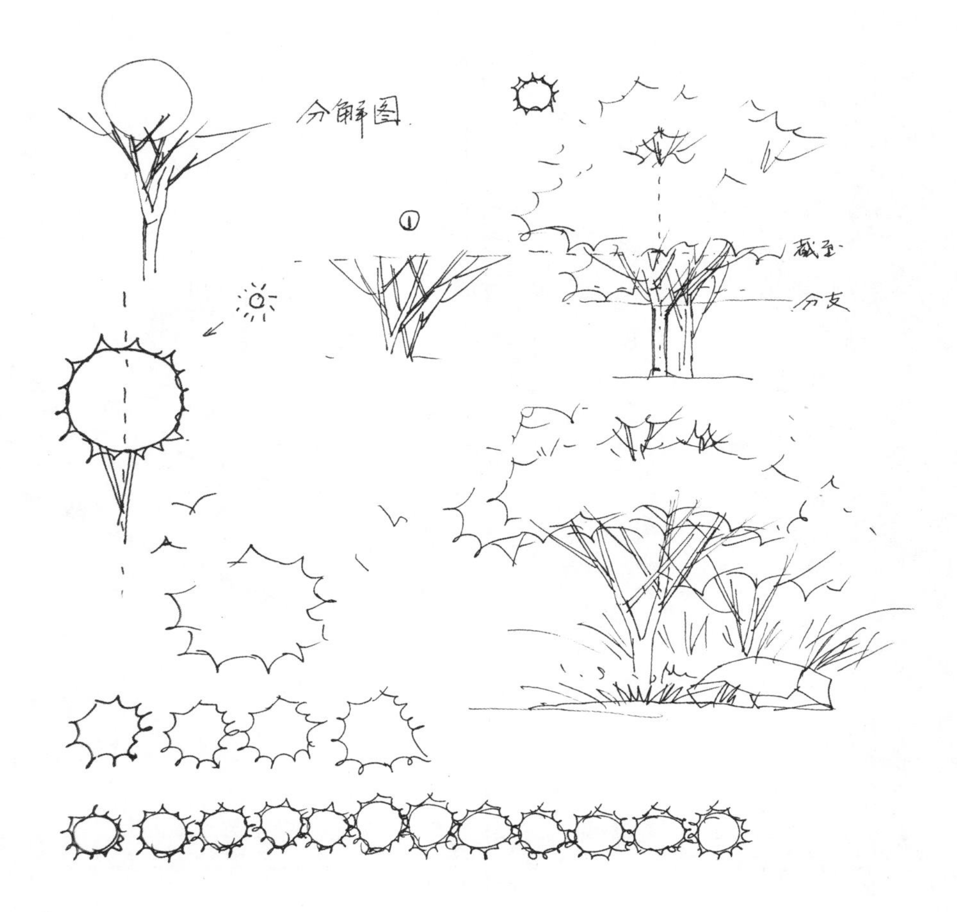

图 2-35　圆形的形体转换为配景树

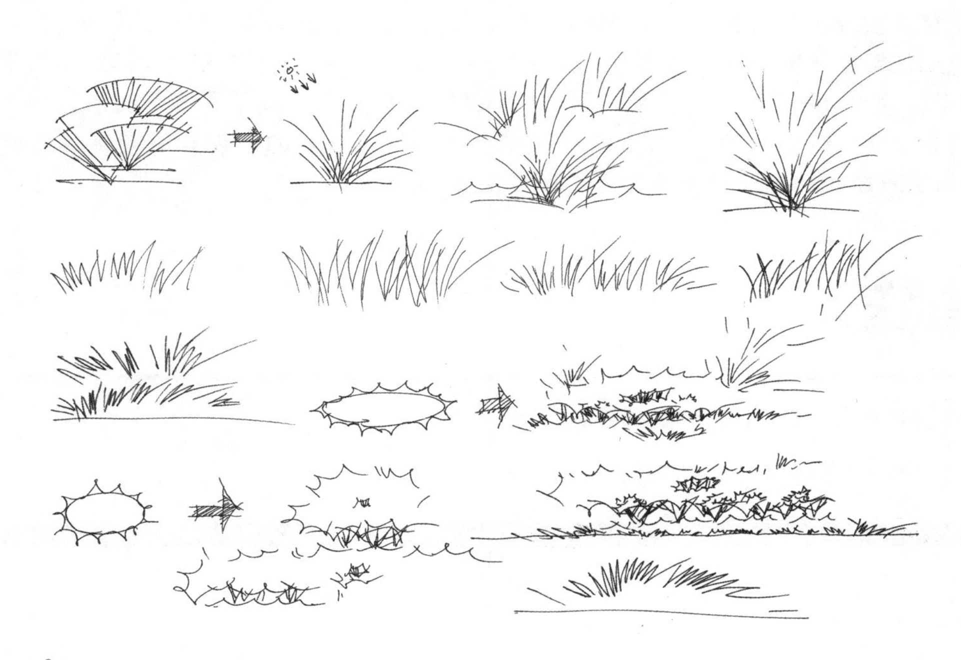

图 2-36　几何形体转换为配景灌木及草

图 2-37　各种形体组合拓展

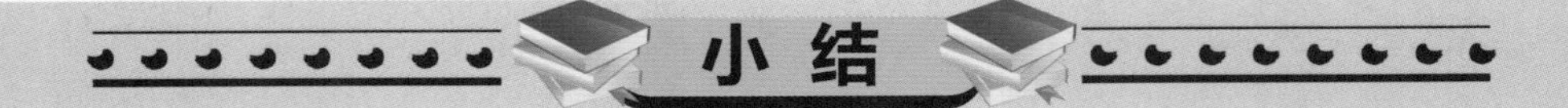

小结

本章重点学习了对线条和形体的认知，手绘线条、排线在手绘表现中有广泛的应用，它可以在快速表达建筑主体物的特征情况下，选择最合适的描绘线条组合方式，利用笔（如铅笔、钢笔、圆珠笔、毛笔等）和纸（各种类型纸张均可），用简洁概括的线条排线即可表达物象。对于形体的组合训练也是非常有必要的，它可以帮助初学者建立对于一切的表现对象转化为几何体的概念，如本章图例所示的由几何体组合转变为石头、树、草等。

课堂练习

(1) 完成一幅A4大小的平面排线练习。

(2) 完成一幅A4大小的体块排线练习。

第3章

手绘表现类型及透视

SHOUHUI BIAOXIAN LEIXING JI TOUSHI

3.1 基本类型

3.1.1 平面图

平面图用于反映建筑物的功能需要、平面布局及其平面的构成关系，是决定建筑立面及内部结构的关键环节。其主要反映建筑的平面形状、大小、内部布局、地面、门窗的具体位置和占地面积等情况，如图 3-1 和图 3-2 所示。

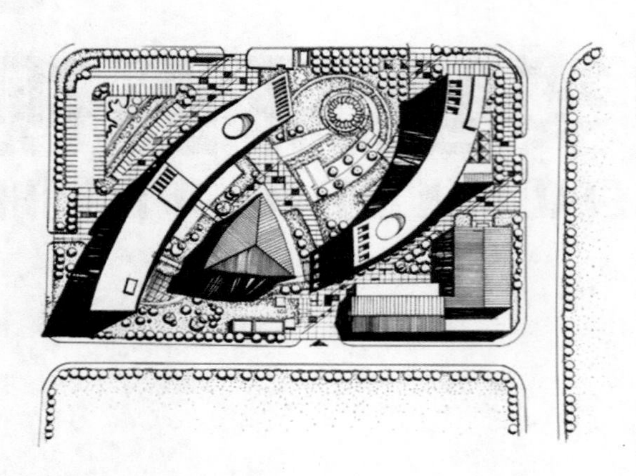

图 3-1　建筑总平面图的表达

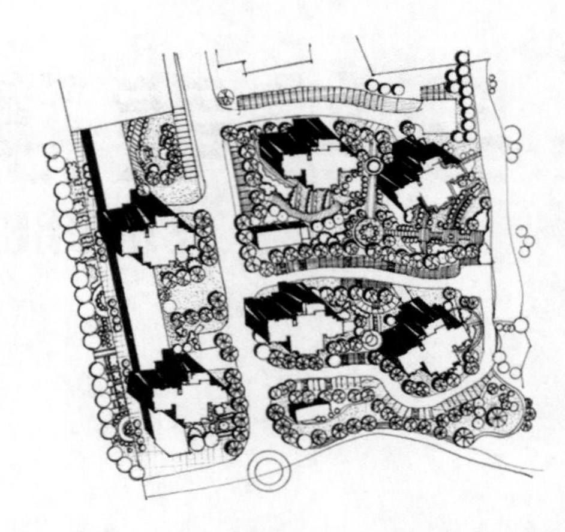

图 3-2　城市规划平面图的表达

3.1.2 立面图、剖面图

建筑立面图是在与房屋立面相平行的投影面上所做的正投影图，简称立面图。立面图大致包括南北立面图、东西立面图等部分，建筑各立面的细节需要表达清楚。立、剖面图的形体表达如图 3-3 和图 3-4 所示。

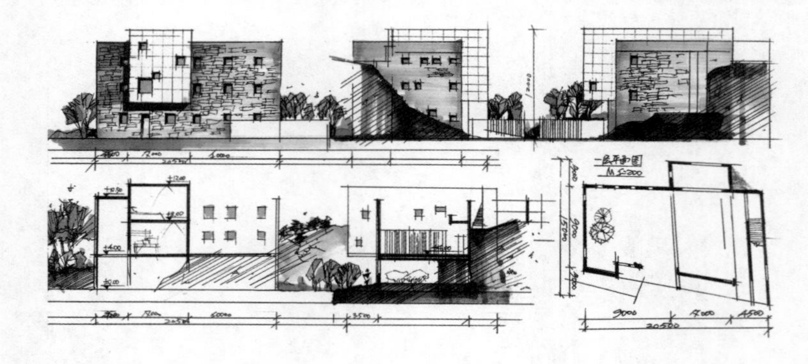

图 3-3　立、剖面图的手绘表达一

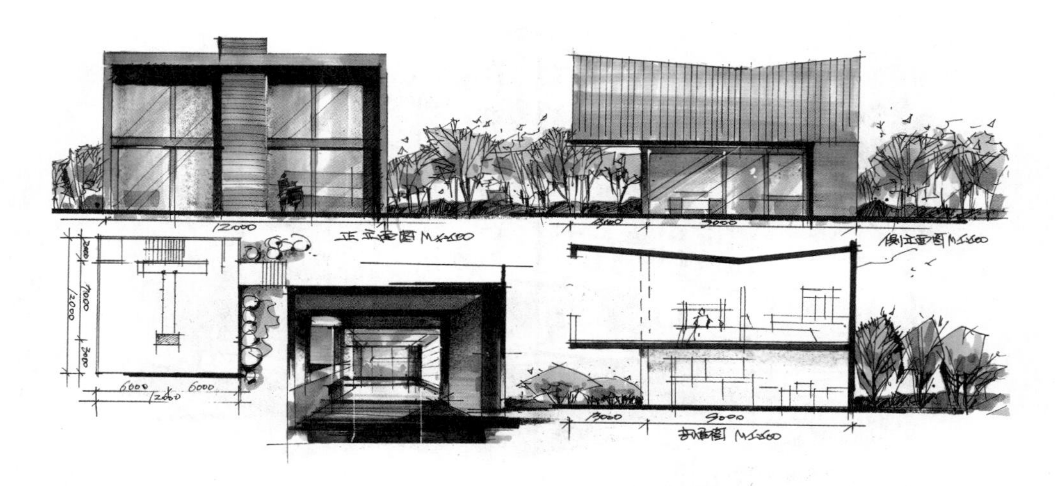

图 3-4　立、剖面图的手绘表达二

3.1.3 透视图

1. 透视图的概念

透视图即透视投影，在物体与观察者的位置之间，假想有一个透明平面，观察者对物体各点射出视线，将视线与此平面相交的点相连接，所形成的图形，称为透视图。透视图是在人眼可视的范围内，视线集中于一点称为视点。

在透视图上，因投影线不是互相平行而是集中于视点，所以显示物体的大小时有近大远小的特点。在形状上，由于角度因素，长方形或正方形常绘成不规则四边形，直角常绘成锐角或钝角，四边不相等，圆的形状常显示为椭圆。透视图的手绘表达如图 3-5 和图 3-6 所示。

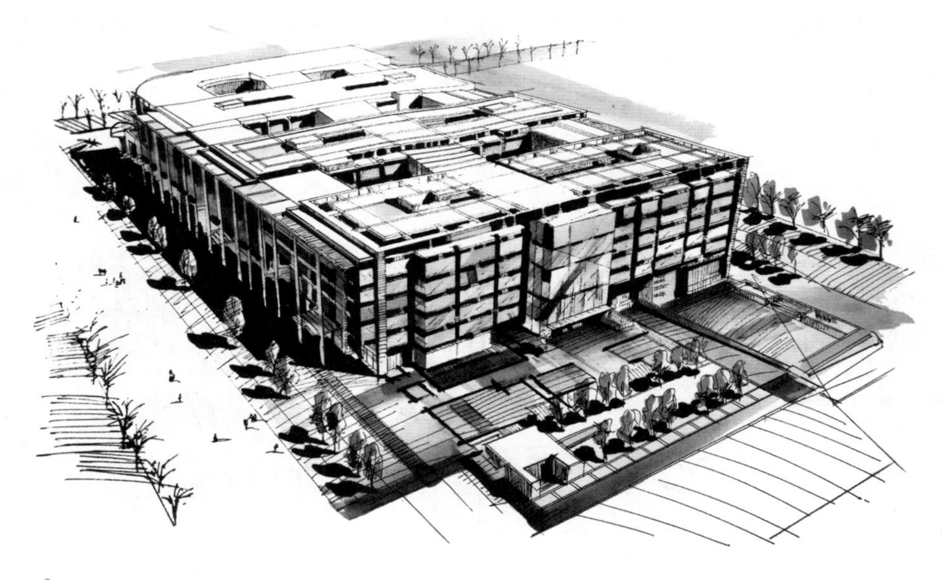

图 3-5　透视效果图的手绘表达一

图 3-6　透视图的手绘表达二

2. 透视图的意义

设计需要用图像来表达构思。在城市规划设计、建筑学、景观设计、室内设计、工业设计、工艺品装饰设计以及其他相关领域里，都是通过手绘透视图将设计者的构思传达给使用者的，也就是通过手绘图来进行交流的。

对于任何一位从事设计的人来说，透视图都是极其重要的。无论是从事城市规划设计、建筑设计、景观设计还是室内设计，都必须掌握绘制透视图的方法，因为它是一切表现设计意图的基础。透视有助于让观者形成真实的想象，而且它是建立在完美的制图基础之上的。

透视图是把建筑物的平面图、立面图和剖面图，根据设计图资料，画成一幅尚未成实体的画面。它是将二度空间的形体转换成具有立体感的三度空间画面的绘图技法，并能真实地再现设计师的预想。

透视图不仅要注意材质的质感，而且还要掌握好画面的色彩构成、构图等问题。透视图技法在绘图技法上有很多相似之处，因此优秀的手绘透视图的效果超越表面的建筑物说明图效果，而且具有优异的绘画特性。

如图 3-7 和图 3-8 所示的是手绘透视效果图。

图 3-7　手绘透视效果图一

图 3-8　手绘透视效果图二

3.2 透视的基本原理

一幅优美的手绘透视图是设计师经过长时间训练的结果。需要设计师掌握透视的概念和正确的透视原理观念，并能创造出正确的比例和构图。这些技能能帮助设计师在绘图的草稿阶段就能有个好的开始，而不用等到手绘效果图完成时才发现透视有问题，那时再怎么补救也不会达到理想的效果。

3.2.1 透视的常用术语

视点、画面、物体是透视的重要因素，离开这三个要素，透视也就无从谈起。通常所说的视点是研究各种透视的先决条件，物体是描绘客观对象在透视中的重要依据，画面是视点与物体之间所产生透视关系的媒介，它们三者互为补充，缺一不可。因此，要研究焦点透视、散点透视应掌握以下定义。

(1) 视点(目点)：画者眼睛所在的位置。

(2) 目线：是指过目点平行于视平线的一条横线，是寻求视平线上消失点角度的参照线。

(3) 立点：是指观者所站的位置，又称停点或足点。

(4) 中心视线：视点到画面的垂直连线，是视域圆锥的中轴线，又称为视中线、中视线、视轴。

(5) 视角：任意两条视线与视点构成的夹角。绘画上采用的视角不超过60°，当视角过大时，透视图形会产生不正常的变形。

(6) 视线：视点到物体上各点的连线。

(7) 画面：作画时假设的垂直于地面立于物体前面的透明平面，是构成透视图形必备的条件。平视时，画面垂直于地面；倾斜仰、俯视时，画面倾斜于地面；正俯、仰视时，画面平行于地面。

(8) 基线：画面与基面的交界线。

(9) 基面:物体所在的平面,也是立点所在的平面。被画物放置于该平面上,呈水平面状态,分别与地面、平面保持平行,平视时与画面垂直。

(10) 取景框:在写生时,通常为了构图的完美而采用一个框进行比试,这个框称为取景框。取景框一般为矩形,位于60°视圈内。

(11) 视心:中心视线与画面的垂直交点,又称为心点、主点、视心点。

(12) 视高:视点到立点的垂直距离,视高一般与视平线同高。

(13) 视距:视点至画面的垂直距离,在视平线上,视距等于视点至视心点的垂直距离。

(14) 视平面:由视点做出的视平线所构成的平面,中心视线也在其中。当画者平视时,视平面平行于地面;当画者仰、俯视时,视平面倾斜于地面;当画者正俯、仰视时,视平面垂直于地面。

(15) 视平线:视平面与画面的交界线,平视时即为画面上高度等于视高的水平线,与地平线平行的线。

(16) 地平线:画者所见无限远处天空与地面的交界线。平视时,地平线与视平线重合;斜、仰、俯视时,地平线分别在视平线的上、下方;正仰、俯视时,不存在地平线。

(17) 正常视域:由视点做出的60°视角与视平线相交所形成的圆圈为正常视域,在圆圈内看到的图形,不会出现变形或模糊不清的现象。

(18) 被画物:即被画的物体。

视点、视角与视线如图3-9和图3-10所示。

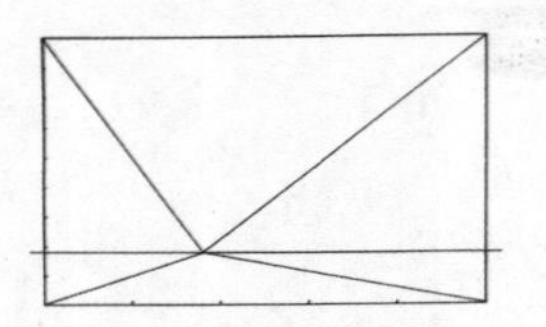
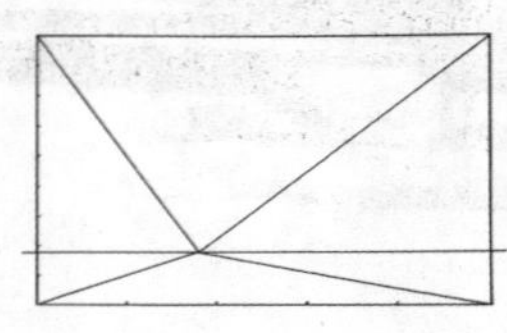
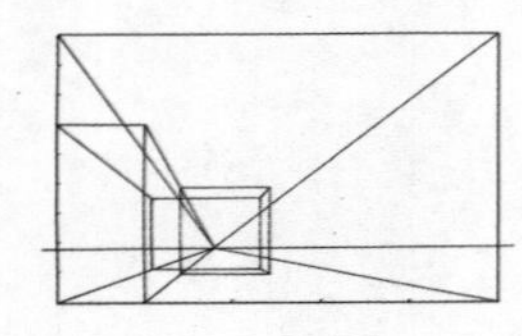
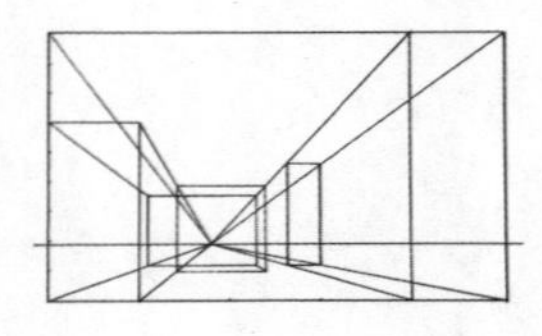

图3-9　视点、视角与视线一

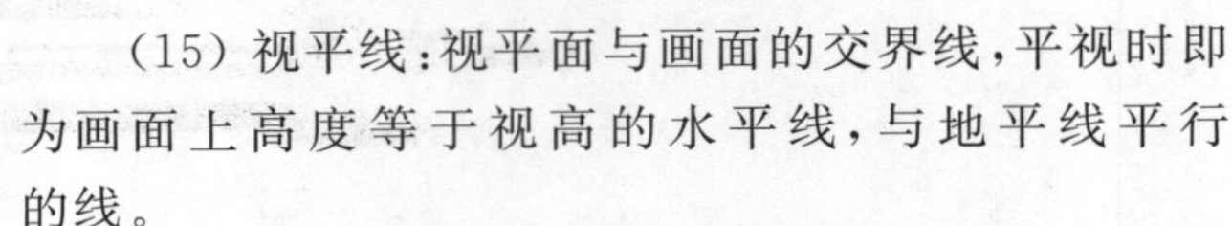
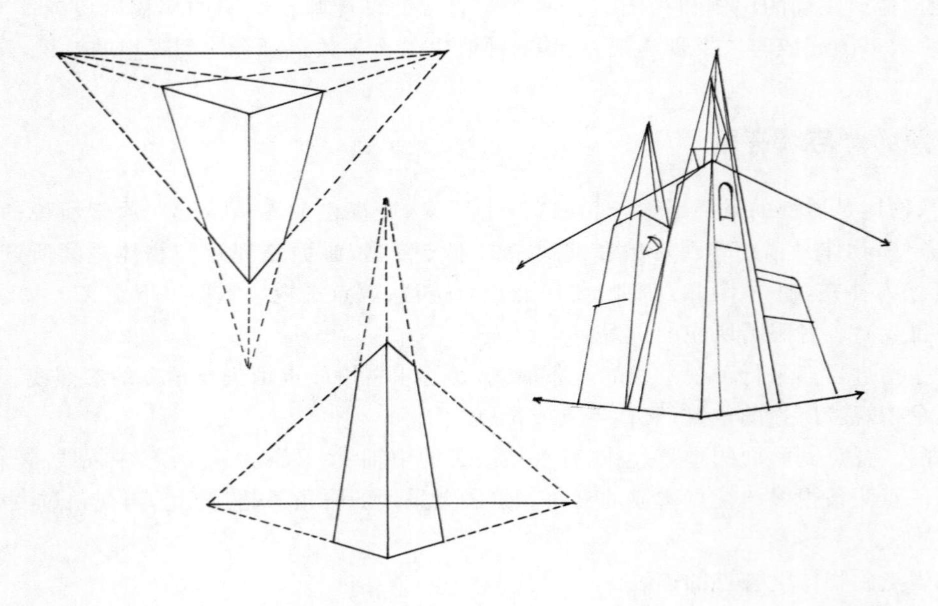

图3-10　视点、视角与视线二

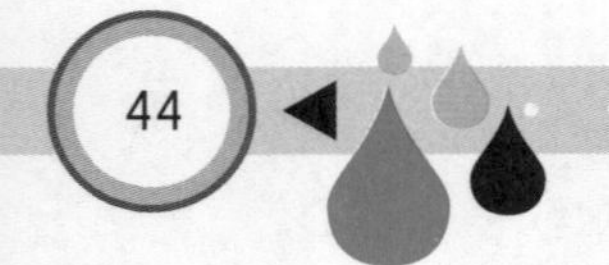

3.2.2 透视特征

透视具有消失感、距离感，相同大小的物体呈现出具有规律的变化。通过分析可以发现产生这种现象的一些透视规律。

（1）随着与画面距离的远近的变化，相同的体积、面积、高度和间距呈现出近大远小、近高远低、近宽远窄和近疏远密的特点。

（2）与画面平行的直线在透视中仍与画面平行，这类平行线在透视图中仍保持平行关系。

（3）与画面相交的直线有消失感，这类平行线在透视图中趋向于一点。

3.3 透视图的分类及画法

透视法分为焦点透视和散点透视。焦点透视包括一点透视、两点透视、三点透视。散点透视则是中国画的绘画透视方式，散点透视也称为多点透视，有多个视点，它是中国画的主要表现方式。

3.3.1 一点透视

一点透视（也称平行透视）是指有一面与画面平行的正方体或长方体物体的透视。一点透视表现范围广，纵深感强，适合表现庄重、严肃的室内空间；其缺点是比较呆板，与真实效果有一定差距。

任何形状复杂的物体，都可以归纳成一个立方体。这个立方体的正前面与视平线平行，这种透视现象称为平行透视，如图 3-11 所示。

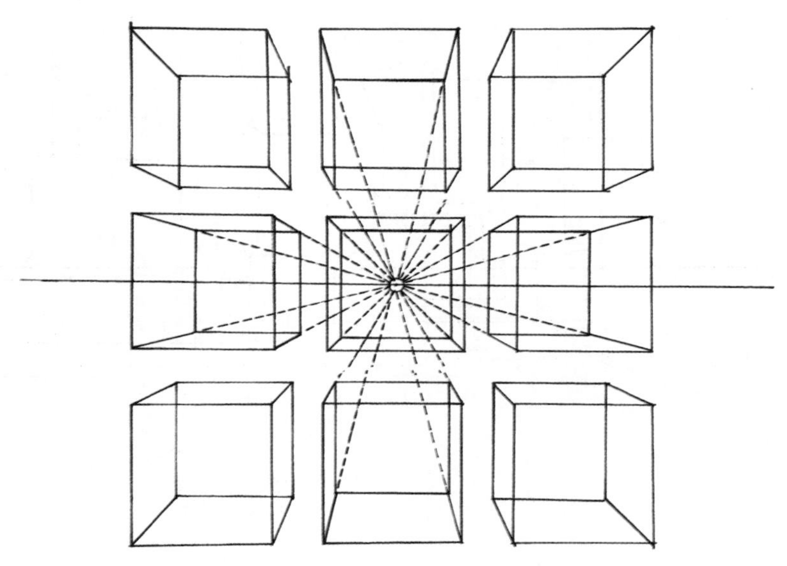

图 3-11　平行透视

一点透视形体组合如图 3-12 所示，一点透视形体示意如图 3-13 所示，一点透视效果图如图 3-14 和图 3-15 所示。

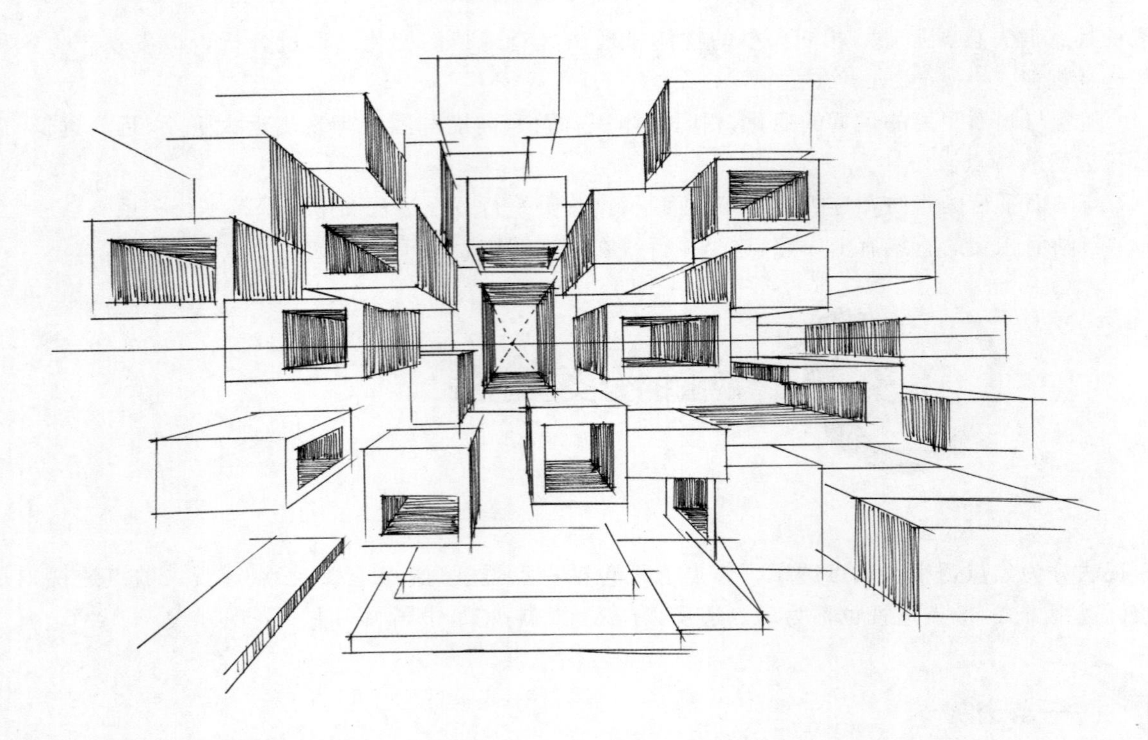

图 3-12　一点透视形体组合

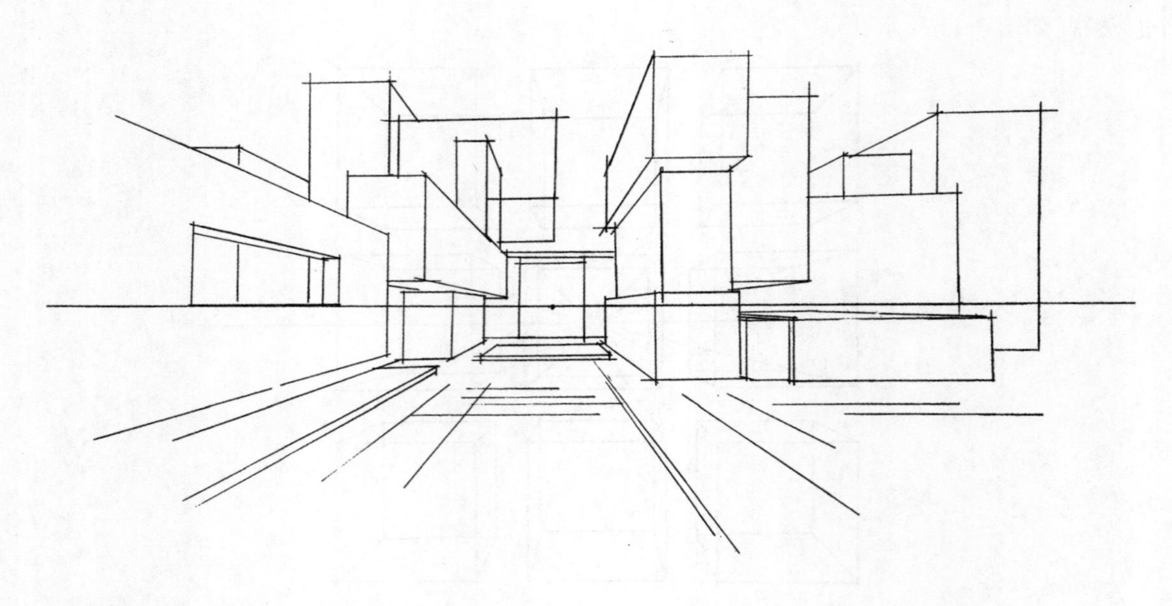

图 3-13　一点透视形体示意

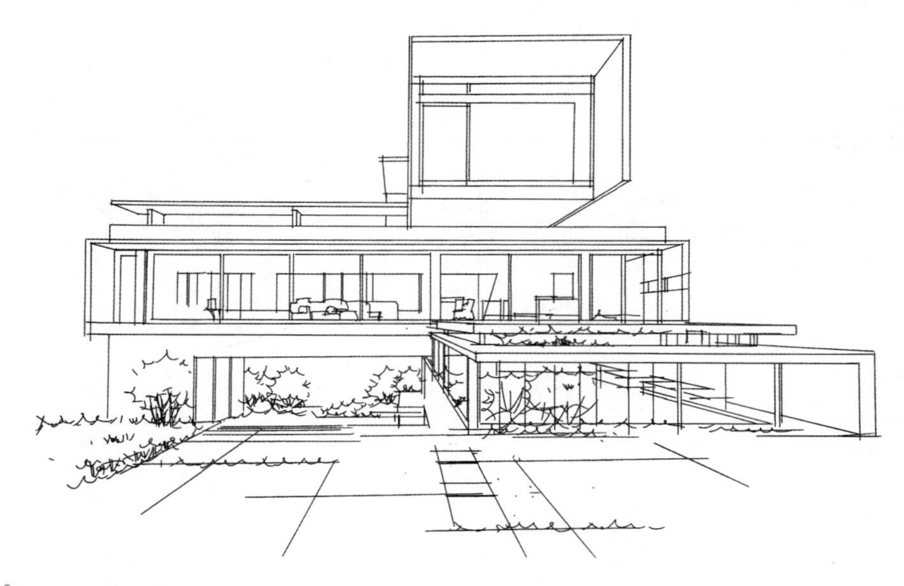

图 3-14　一点透视效果图一

图 3-15　一点透视效果图二

3.3.2 两点透视

两点透视是指物体在视平线上有两个消失点，同时物体面向画面的两个面与画面底边成一定的角度（斜交），所以也称为成角透视，如图 3-16 所示。两点透视效果图比较自由、活泼，能比较真实地反映空间；其缺点是角度选择不对易产生变形。

方形物体与视平线成一定角度时，会产生透视现象，成角透视的两个消失点分别消失在视平线视点的两侧。

两点透视形体组合如图 3-17 所示，两点透视形体示意如图 3-18 所示，两点透视效果图如图 3-19 和图 3-20 所示。

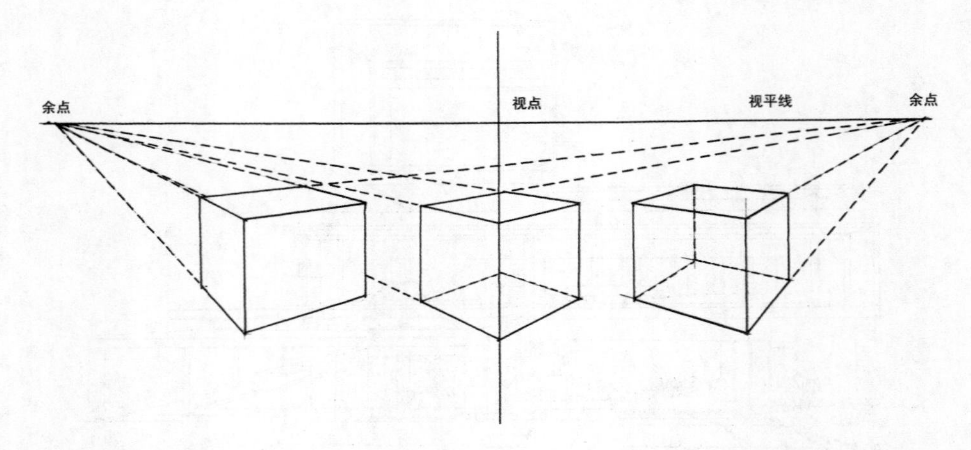

图 3-16　成角透视

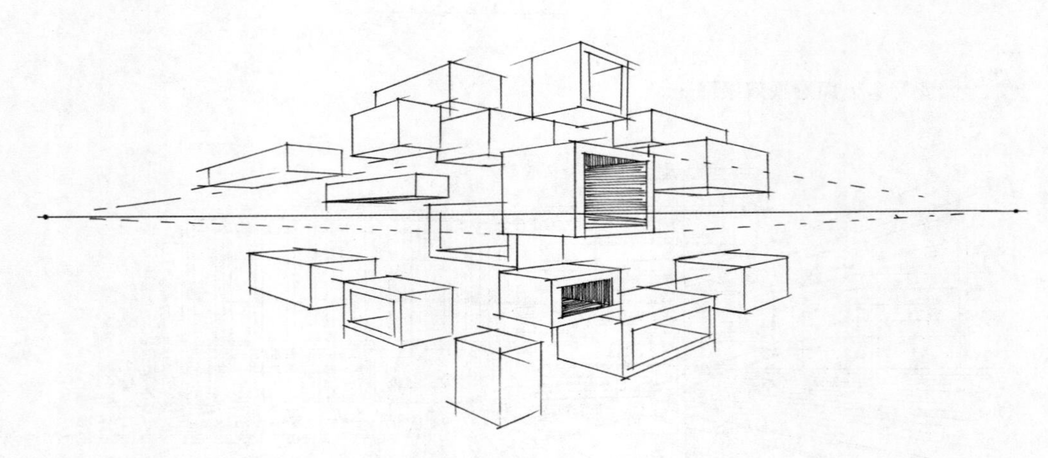

图 3-17　两点透视形体组合

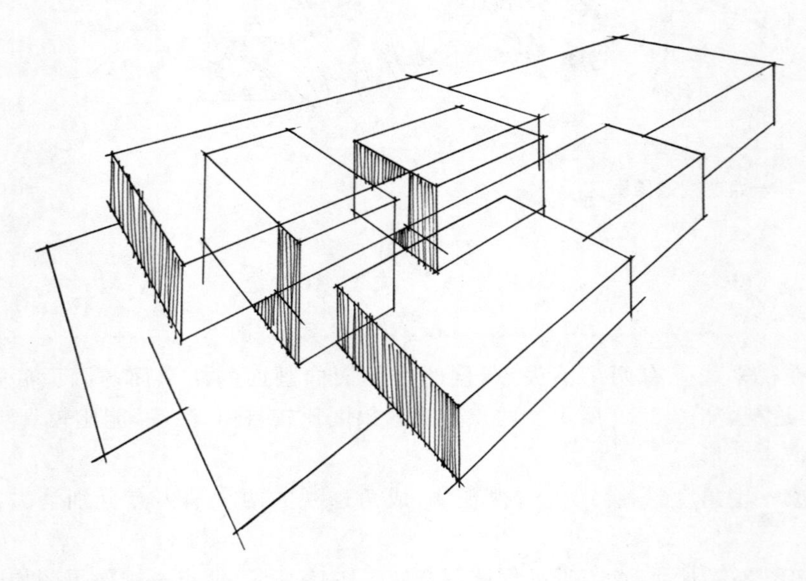

图 3-18　两点透视形体示意

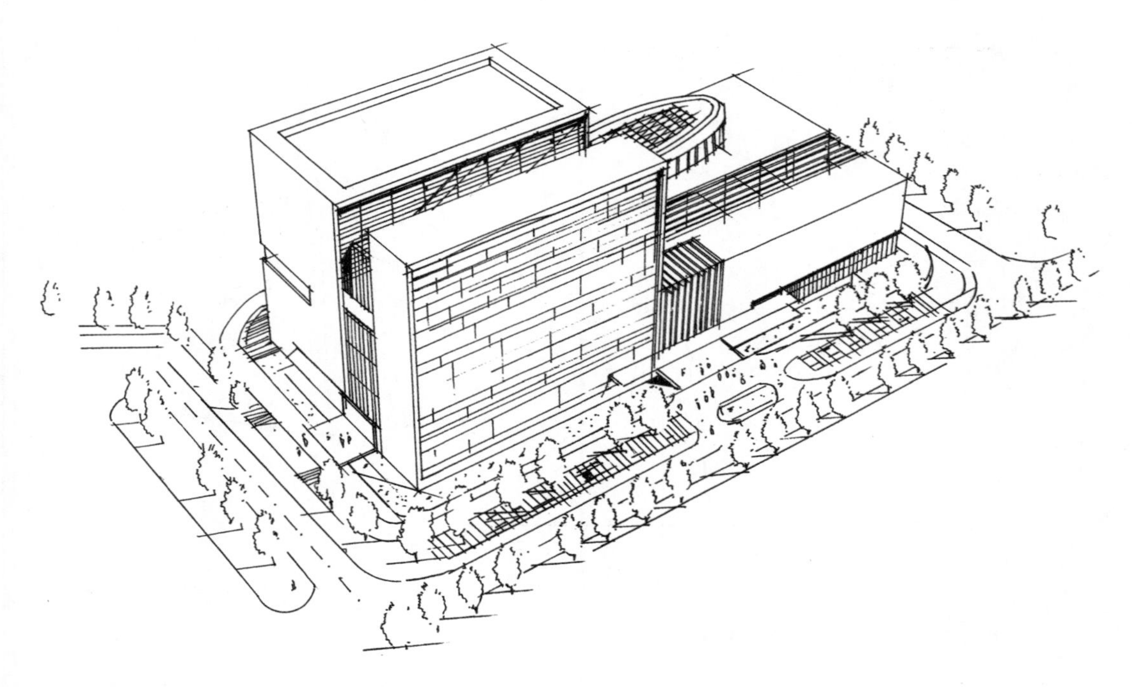

图 3-19　两点透视效果图一

图 3-20　两点透视效果图二

3.3.3 三点透视

三点透视（也称为倾斜透视）是指立方体相对于画面，其各面及棱线都不平行时，各面的边线可以延伸为三个消失点，用俯视或仰视等角度去观察立方体就会形成三点透视，如图 3-21 和图 3-22 所示。一般情况下三点透视多用于高层建筑透视，如图 3-23 和图 3-24 所示。

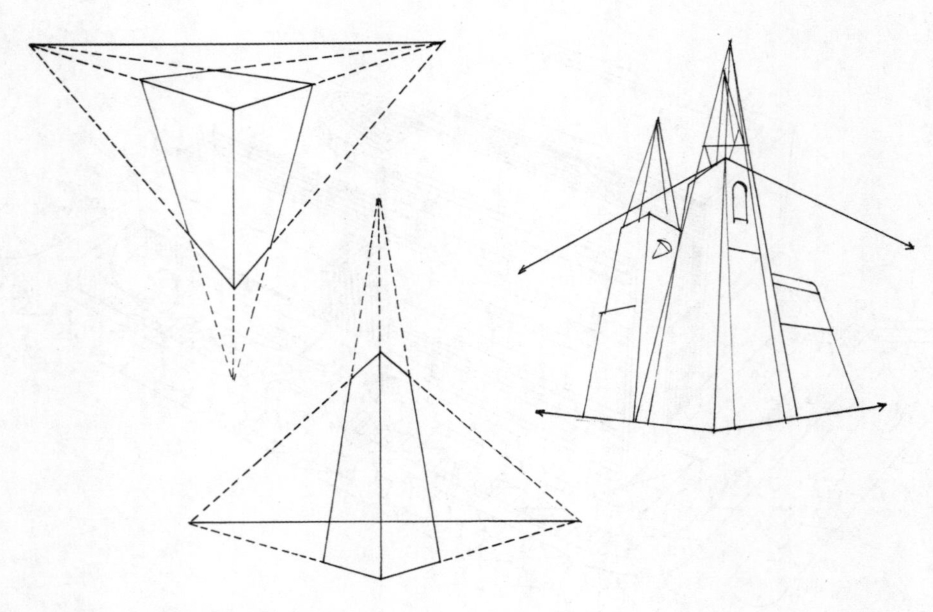

图 3-21　三点透视形体示意一

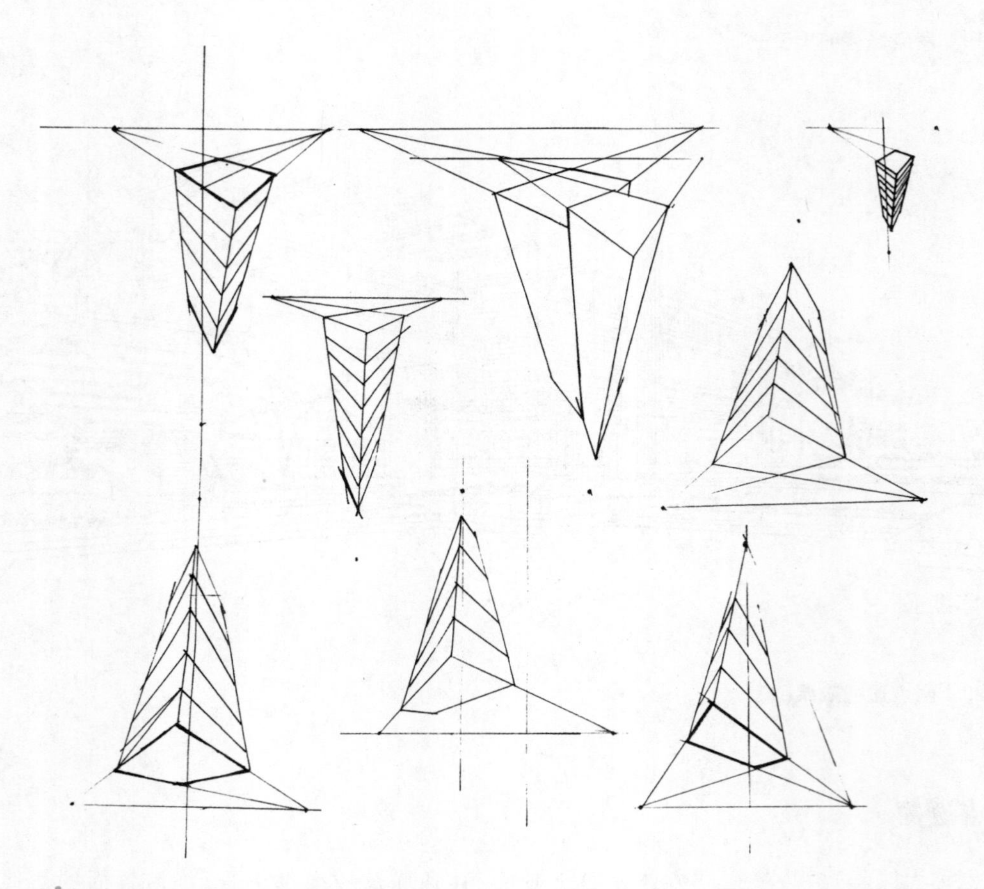

图 3-22　三点透视形体示意二

图 3-23　三点透视形体组合

图 3-24　三点透视效果图

3.3.4 轴测透视图

用平行投影法将物体连同确定该物体的直角坐标系一起沿不平行于任一坐标平面的方向投射到一个投影面上，所得到的图形，称为轴测图，如图 3-25 所示。

轴测投影属于单面平行投影，它能同时反映立体的正面、侧面和水平面的形状，因而立体感较强。轴测图没有近大远小的关系，竖直方向高度没有变化，只有水平方向按角度偏移。轴测效果图如图 3-26 所示。

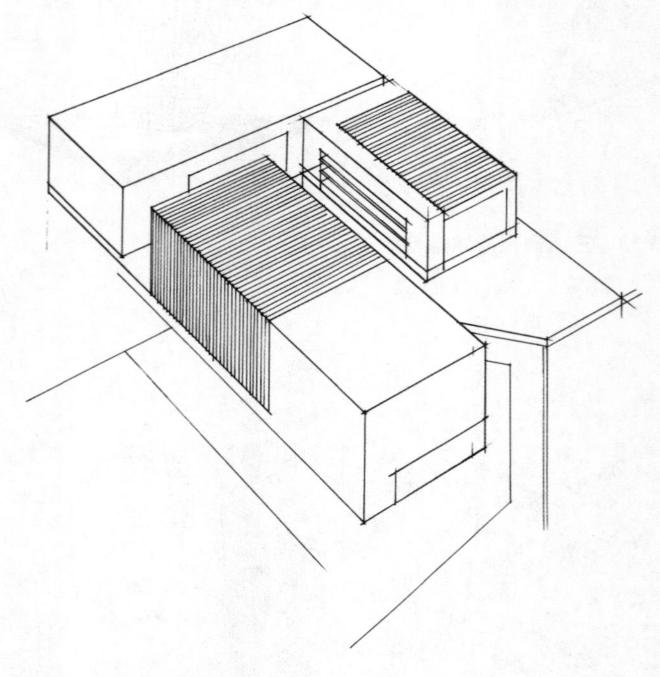

图 3-25　轴测图形体示意

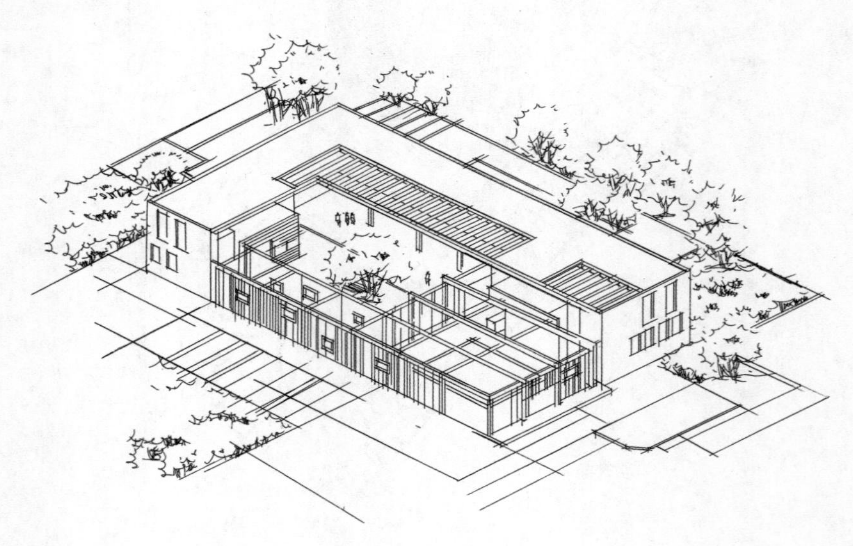

图 3-26　轴测效果图

作为专业的设计师，应具备仅仅从平面图就能很快判断出透视效果图需要重点表现的部分的能力，并且能迅速地找准良好的视角，恰当地组织透视图的构图关系。然而初学者则需要经过大量的练习和长时间的磨炼，才能在绘制透视图的过程中游刃有余，灵活解决各式各样的问题。例如，建筑主体物的几个立面的处理，建筑物与树木、地面的关系以及空间层次处理等问题，这都需要初学者去思考布局。

3.4 构图和意境塑造

3.4.1 构图原则

构图的基本原则讲究的是均衡与对称、对比等。

1. 均衡与对称

均衡与对称是构图的基础，其主要作用是使画面具有稳定性。均衡与对称本不是一个概念，但二者具有内在的同一性——稳定，画面构图稳定是审美美感的基础。

(1) 稳定感是人类在长期观察自然的过程中形成的一种视觉习惯和审美观念，如图 3-27 所示。因此，凡符合这种审美观念的造型艺术才能产生美感，违背这个原则的则缺少美感。

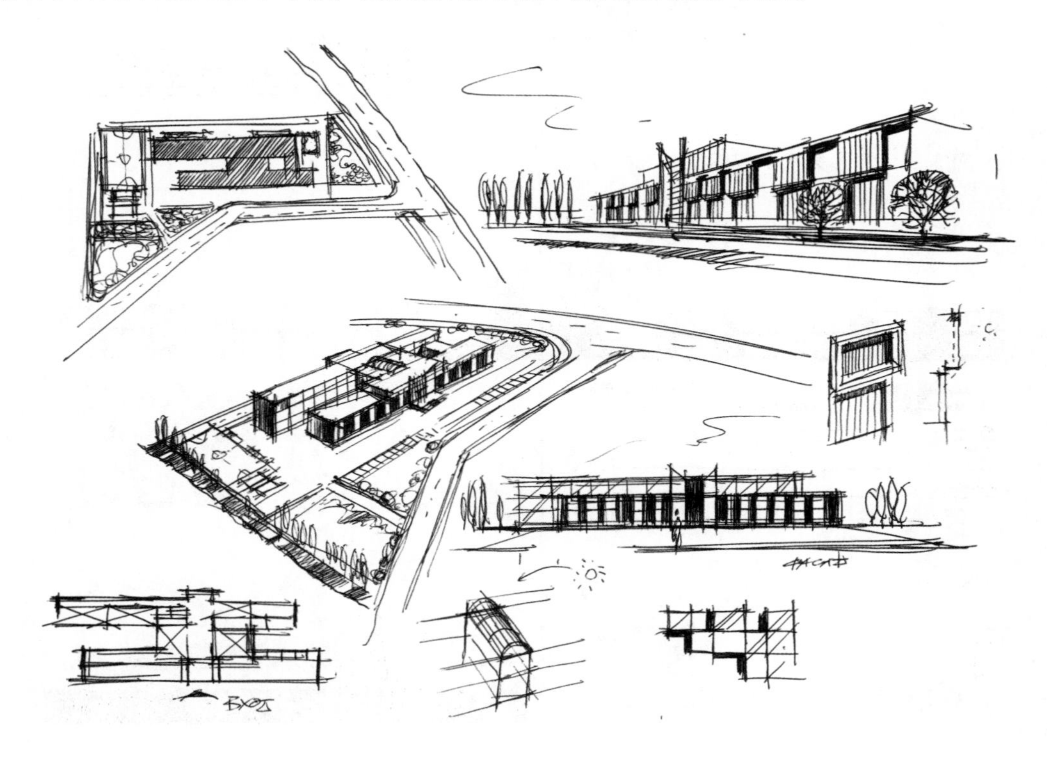

图 3-27　构图关系中的稳定感

（2）均衡与对称都不是平均，它是一种合乎逻辑的比例关系。平均虽是稳定的，但缺少变化，没有变化就没有美感，所以构图最忌讳的就是平均分配画面。构图关系中的均衡感如图 3-28 所示。

（3）对称的稳定感特别强，对称能使画面具有庄严、肃穆、和谐的感觉。例如，我国古代的建筑就是对称的典范，但对称与均衡相比较而言，均衡的变化感比对称要大得多。

因此，对称虽是构图的重要原则，但在实际运用中机会比较少，运用多了就有千篇一律的感觉。

整体关系的和谐稳定感如图 3-29 所示，透视效果图稳定的关系如图 3-30 所示。

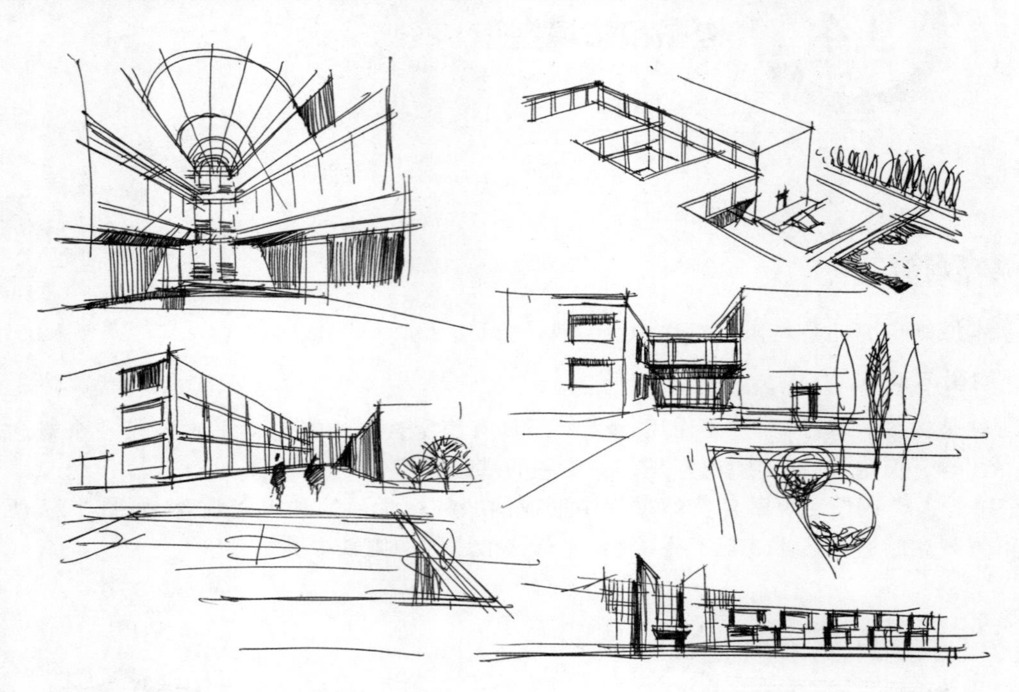

图 3-28　构图关系中的均衡感

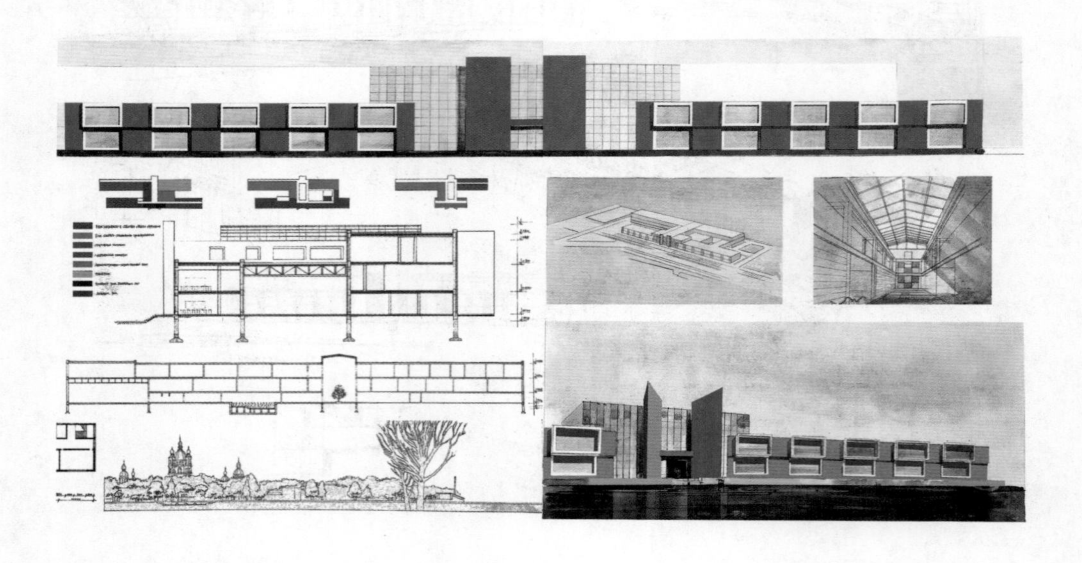

图 3-29　整体关系的和谐稳定

图 3-30　透视效果图稳定的关系

2. 对比

对比运用得巧妙，不仅能增强艺术感染力，还能鲜明的反映和升华主题。对比构图，是为了突出主题并强化主题。对比的形式各种各样、千变万化。下面介绍三种常见的对比形式。

(1) 形状的对比，如大和小、高和矮、老和少、胖和瘦、粗和细，如图 3-31 所示。

(2) 色彩的对比，如深与浅、冷与暖、明与暗、黑与白。

(3) 白与灰的对比，如深与浅、明与暗等。

图 3-31　透视效果图的形状的对比关系

对比包含了很多的方面，如大小上的对比，形状上的对比，方向上的对比等。对比的目的是为了拉开物体间和空间的差异，塑造物体独有的特性，烘托出画面的主体。

在一幅作品中可以运用单一的对比，也可同时运用各种对比，对比的方法应根据效果图具体的处理手法决定的，千万不能生搬硬套、牵强附会，更不能喧宾夺主。

3.4.2 常用的建筑构图形式

1. 均衡式构图

均衡式构图给人以稳固安定的感觉，画面结构完美无缺，安排巧妙，对应而平衡，如图 3-32 所示。

图 3-32 均衡式构图关系

2. 对称式构图

对称式构图具有平衡、稳定、对称的优点，其缺点是呆板、缺少变化。常用于表现对称的物体、建筑、特殊风格的物体等，如图 3-33 所示。

图 3-33 对称式构图关系

3. 变化式构图

建筑的重心安排在某一角或一边，作为视觉中心点进行深度刻画，使其成为构图中分量较大的一部分。在其他部分则进行虚空留白处理，使整个构图处于动态式的变化，如图 3-34 所示。

图 3-34 变化式构图关系

4. 对角线构图

将主体安排在对角线上，能有效利用画面对角线的长度，同时也能使陪体与主体发生直接关系，如图 3-35 所示。该构图方式富于动感、活泼，容易产生线条的汇聚趋势，吸引人的视线，达到突出主体的效果，如使用聚光灯照射主体的效果。

图 3-35 对角线构图关系

5. 品字形构图

品字形构图是指在画面上同时出现三个物体的时候，不能把它们等距离地放在一条线上，而应使其呈现三角形状，类似于一个“品”字，如图 3-36 所示。这种构图形式在自然界中是无处不在的。

图 3-36　品字形构图关系

小结

本章重点学习了平面图、立面图以及剖面图的概念及表达方式，介绍透视的基本概念、术语和符号，以及绘制效果图最基本的方法。熟练掌握一点透视及两点透视在效果图中的运用方法，掌握透视近大远小、近高远低、近疏远密的规律。同时也需要了解几种基本的构图方式。

课堂练习

(1) 完成一幅A3尺寸大小的一点透视原理的表现图。

(2) 完成一幅A3尺寸大小的两点透视原理的表现图。

第4章

常用建筑手绘表现技法

CHANGYONG JIANZHU SHOUHUI BIAOXIAN JIFA

4.1 铅笔手绘表现技法

用铅笔表现建筑效果图并不常见，但同样可以获得非常好的效果，但是使用铅笔工具来表现效果图也有其局限性，具体如下。

(1) 铅笔的单色特性决定了其不能反映效果图的色彩。

(2) 铅笔效果图的篇幅不宜过大。

(3) 铅笔效果图不易保存。

铅笔画可以反复修改，它素雅柔美的特点使其具有独特的魅力，但容易让人产生灰、平的印象，同时画成后保管较为困难。掌握好各种型号铅笔的深浅程度，拉开黑、白、灰色的层次，这样能使铅笔效果图有其独特的艺术性。

4.1.1 铅笔的选用

铅笔分为普通铅笔和绘画铅笔两种，绘画铅笔的特点是将笔芯的硬度划分成 14 个等级，以英文字母"B""H"为标志来区别，如图 4-1 所示。

其中，"H"表示硬，"B"表示软。硬度 H～7H，数字越大，硬度越强，颜色也越淡。软度 B～7B，数字越大，笔芯越软，颜色越深。

普通铅笔只有 HB 级，表示软硬适中。绘图中一般多采用 3B、4B 铅笔。

图 4-1　铅笔工具

4.1.2 纸的选择

纸面的粗糙程度和纹理对图面的效果有一定的影响。一般来说，光滑的纸面适合使用较软的铅笔作图，粗糙的纸面适合使用较硬的铅笔作图。

铅笔效果图一般多使用软硬适中的绘图纸，这样比较容易出效果。

4.1.3 表现技法

用铅笔勾画轮廓时，通常是用较细的线条来完成。

有些图甚至完全用线描也可以获得良好的效果，此即为以线为主的表现技法。

巧妙地组织线条，采用画线成面的方法，也可以很好地表现出景物的光影明暗效果和建筑材料的质感，此即明暗调子效果图表现技法。

图 4-2 至图 4-4 所示为铅笔效果图示例。

图 4-2　铅笔效果图一

图 4-3　铅笔效果图二

图 4-4　铅笔效果图三

常用的铅笔表现技法分别介绍如下。

1. 光影法

光影法是从西洋素描派生出来的一种表现技法，以光线投影在空间物体产生的光影变化为依据，组合排列各种线条，形成各个线面，运用退晕、渐变的方法表现环境空间的效果。

光影法主要通过光影变化来表现空间和物体的形态，此种画法更具有立体感和空间层次感。

光影法表现物体质感要根据质地的吸光与反光量和笔触的变化来完成。

光影法用铅笔铺调子，用笔轻重搭配，使衔接比较自然。

铅笔的光影表现图如图 4-5 和图 4-6 所示。

图 4-5　铅笔光影表现图一

图 4-6　铅笔光影表现图二

2. 白描法

白描法抛弃了光影的变化，直接用空间物体结构组织线条，由于线条的粗细、曲折、疏密、长短不同，因而产生了前后视觉印象，它是由中国白描派生出来的。

线条的粗细、疏密、浓淡的变化可以将空间层次、物象质感、情感氛围表现得更加趣味化、生动化和艺术化。

可以根据落笔力量的不同画出不同深度的线条。其中，在近景和中景中常使用浓重的线条，在远景中常使用浅淡的线条。

表现主物体时应使用密集的线条，从而可以深入刻画细节，同时也可以形成画面的黑白灰关系。

线条的穿插应考虑物体的前后次序。

铅笔白描表现图如图 4-7 至图 4-9 所示。

图 4-7　铅笔白描表现图一

图 4-8　铅笔白描表现图二

图 4-9　铅笔白描表现图三

4.1.4 用铅笔表现建筑的要点

1. 线条组织关系

线条组织既要服从质感表现，又要有变化，以打破重复和单调，如图 4-10 所示。画大面积墙面时，若全部都用横向的线条，就会显得单调，可局部加上斜线条与其交错。画大面积乱石时，插入一些斜向线条或加上一些斑点，就是为了增加质感的表现。

图 4-10　线条组织

2. 笔触变化

1）质感

对于材料质感变化丰富的传统建筑，可以用较宽的线条或较大的笔触来表现。

对于那些材料质感比较单一和表面平整光洁的建筑物，主要通过明暗色调处理的方法，来表现建筑物的体面转折和空间层次。

2）配景

配景使用线条和笔触的变化来表现。

远处的树一般用竖线条来画，色调宜淡一些，线条宜细一些，多使用 2B 铅笔绘制。

近处的树一般用斜线来表现，线条宜宽一些，色调宜深一些，考虑用 4B 或 5B 铅笔绘制。

画近处较大的树，线条的变化应复杂一些。画树干时，应顺着树皮的纹理用笔，有些是横向的，有些是竖向的，还有些是斑点或斑块。画树枝时，用笔的方向一般应顺着树枝的长势，由粗到细和由重到轻。对于树叶，铅笔宜使用软一些的，同时用较宽的笔触概括。

4.1.5 铅笔表现实例

铅笔表现实例如图 4-11 至图 4-15 所示。

图 4-11 铅笔表现实例一

图 4-12 铅笔表现实例二

图 4-13　铅笔表现实例三

图 4-14　铅笔表现实例四

图 4-15　铅笔表现实例五

4.2 钢笔手绘表现技法

钢笔画使用硬质笔尖和墨水作画，这是钢笔画与其他画种不同的审美特点。钢笔画无法像铅笔、炭笔和水墨毛笔那样靠自身材料的特点画出浓淡相宜的色调，钢笔画在纸上的画痕是深浅一致的，在色阶的使用上也是有限的，它缺乏丰富的灰色调。因此可以将钢笔画归于黑白艺术之列。

钢笔手绘在忽略了色调、光线等形体造型元素后，线条成为最活跃的表现因素。钢笔手绘用线条来界定物体的内外、轮廓、姿态、体积，是最简洁直观的表现形式。其特点如下。

(1) 从用笔上来说，用力的轻重不同，对于铅笔影响较大，而对于钢笔来说就不那么显著。

(2) 铅笔用笔比较自由，可以反复地重叠，而钢笔的用笔却只能朝一定的方向，否则笔尖会刮纸。

(3) 铅笔画技法中，用画线成面的方法组成不同深浅的色调，主要靠用笔的轻重；钢笔画技法中，则主要取决于线的疏密。

钢笔表现图所需材料不多，也很简单、便宜，只需要钢笔、一瓶墨水和一个画板、一个用于打草图的非常软的铅笔和一块用于最后擦去铅笔画线条的软橡皮、一把用于修复钢笔线条的小刀等。由于钢笔画工具轻便、容易携带，可以随时练习、写生、记录，甚至在工地上也可以勾画设计，因而钢笔画被设计师广泛采用。

4.2.1 钢笔的选用

钢笔画表现所用的工具极为简便，形形色色的钢笔都可用来表现钢笔画。使用经特殊处理(如弯曲笔尖)的钢笔，或者塑料水笔、圆珠笔与中性笔等，均可画出有一定粗细变化的线条来。

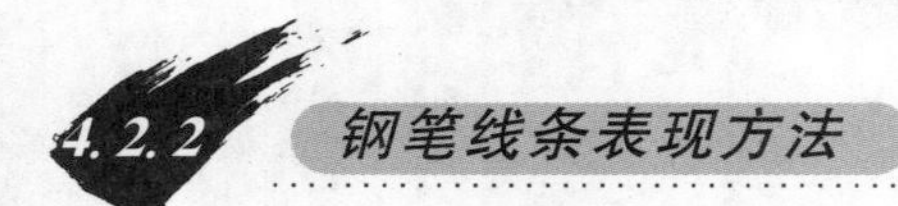

4.2.2 钢笔线条表现方法

钢笔手绘表现技法主要通过钢笔或针管笔来勾画形体轮廓，塑造形体形象，因此线条的练习成为手绘训练的重点。

钢笔线条本身就具有无穷的表现力和韵味，它的粗细、快慢、软硬、虚实、刚柔和疏密等变化可以传递出丰富的质感和情感。例如，粗线的刚毅、细线的软弱、密集线条的厚重有力、稀疏线条的涣散无律、规整线条的整齐有序、无序线条的奔放热情、水平线条的平定安宁、斜线的张力动感、竖线的挺拔、自由曲线的委婉迂回等。即使线条形态相同，也可通过线条方向、强弱、圆滑、简单、复杂、重叠组合、长短疏密、位置与间隔的变化，来表达隐含的情感内涵。

画面质感的表现离不开对细部的刻画。质感与距离有关，在钢笔线条图中可加强表现对象的关键部位，使之产生视觉刺激。空间位置是表现质感的要素，随着距离的增加，对象就越趋向整体，抽象性就更强(如剪影)，而细节和质感就越模糊。

钢笔线条主要分为慢写线条和速写线条两类。

- 慢写线条注重表现线条自身的韵味和节奏，绘制时要求用力均匀，线条流畅、自然。通过练习慢写线条，不仅可以提高手对钢笔线条的控制能力，使脑与手的配合更加完美，而且可以锻炼绘画者的耐心和毅力，为设计创作打下良好的基础。
- 速写线条注重表现线条的力度和速度，绘制时用笔较快，线条刚劲有力，挺拔帅气。通过练习速写线

条，可以提高绘画者的概括能力和快速表现能力。

具体来说，钢笔线条的训练可分为以下三个阶段。

(1) 练笔。培养手、眼、脑的相互协调能力和表现能力，以期能够快速而准确地再现所要表现的物象。在这一阶段，初学者必须打好基础，可以放松地在纸上画方，画圆，画长线、短线、折叠线等，使手部肌肉更加灵活、舒展。

运笔要放松，一次一条线，切忌分小段往返描绘。

线条搭接易出现小墨点，画过长的线条时可断开，采用分段画的方法。

宁可局部小弯，但求整体大直。

轮廓、转折处可加粗强调。

(2) 对线条的控制。有目的地在纸上画长短均匀、间隔一致的水平直线、水平波浪线、垂直线和交叉线等，使手能够被大脑所控制，达到规定的绘制要求。这种练习有助于初学者打下扎实的基本功，对于今后能准确地塑造形体有着重要的作用。

(3) 草图练习。应练习运用钢笔线条熟练绘制建筑手绘概念草图的能力。钢笔线条下笔肯定，落笔后不易修改。

钢笔线条的表现实例如图 4-16 至图 4-18 所示。

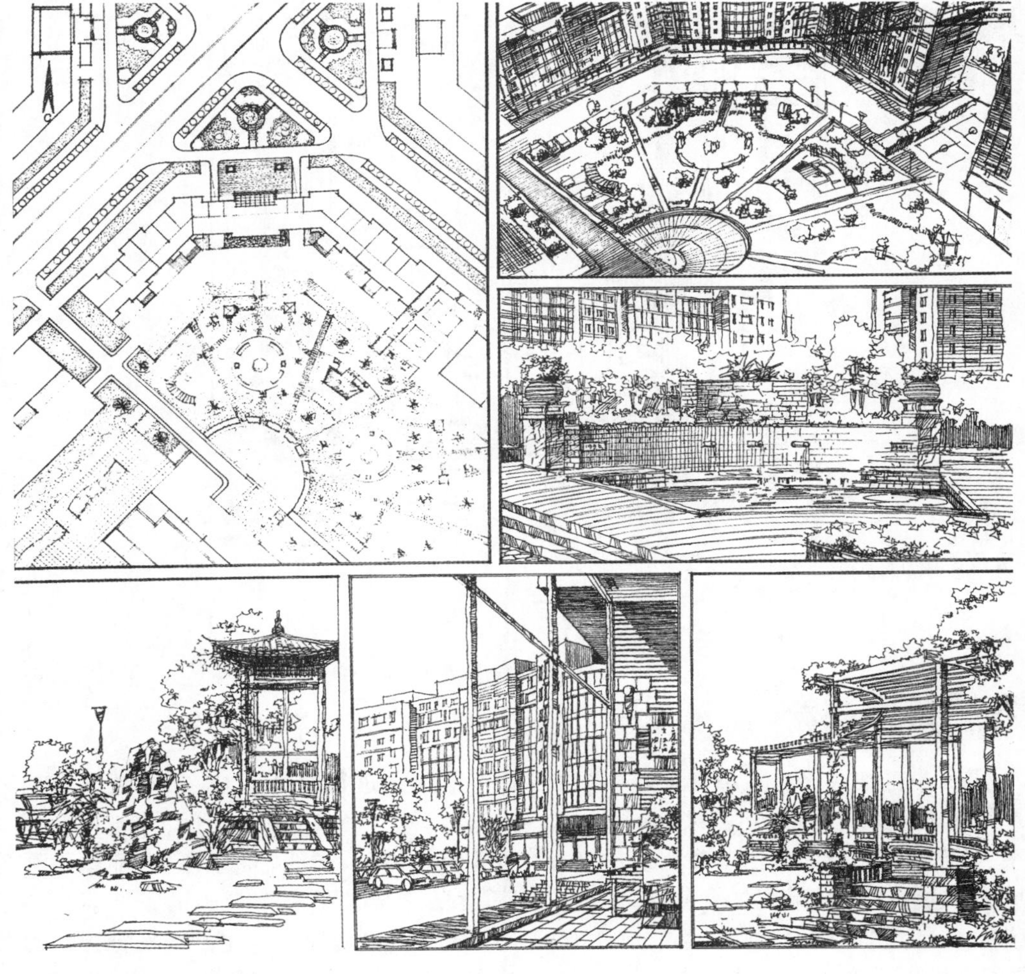

图 4-16　钢笔表现图一

图 4-17 钢笔表现图二

图 4-18 钢笔表现图三

4.2.3 钢笔光影表现方法

钢笔画是用统一粗细或略有粗细变化，同样深浅的钢笔线条进行叠加组合，来表现景观和环境的形体轮廓、空间层次、光影变化和材料质感的。

任何一种线条排列都能形成色调和明度的变化，钢笔画的体面、光线、质感、空间都离不开色调和明度的变化，合理应用这种排线去组织具有明暗渐变、空间深度的素描效果是钢笔画的重要表现方法。由于钢笔具有不易修改的特点，运用钢笔画光影时应注意对明暗基调和明暗调子对比的准确把握。物体并置一处时，两种色调的交汇处就产生了物体的内外轮廓，画面中较清晰的物体要通过一定的对比才能显现出来，对比越强烈，物体越清晰。

钢笔光影表现图如图 4-19 至图 4-23 所示。

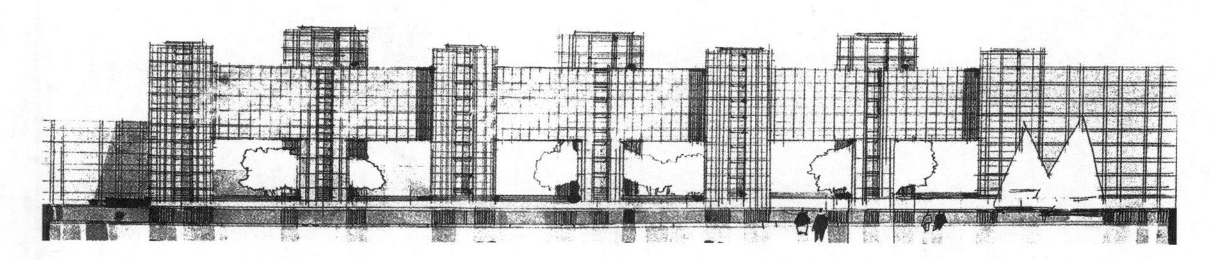

图 4-19 钢笔光影表现图一

图 4-20 钢笔光影表现图二

图 4-21 钢笔光影表现图三

图 4-22 钢笔光影表现图四

图 4-23 钢笔光影表现图五

用钢笔表现建筑的具体步骤如下。

- 步骤一：整体观察。
- 步骤二：构图布局，勾画大体轮廓。
- 步骤三：整体定形，绘制整个画面。
- 步骤四：局部细致刻画。
- 步骤五：画面整体调整。

用钢笔表现建筑时应注意的要点如下。

- 一般用单线勾勒出景物的轮廓和结构，方法简便，易于掌握。
- 线条准确、笔力轻重分明，虚实结合。
- 利用线条的粗细、疏密来表示所绘景物的主次关系。
- 线密处可以看成是“黑”，线疏处可以看成是“灰”，无线处则可以看成是“白”。

4.2.4 钢笔表现实例

钢笔表现实例如图 4-24 和图 4-25 所示。

图 4-24　钢笔表现实例一

图 4-25　钢笔表现实例二

4.3 彩色铅笔手绘表现技法

彩色铅笔笔芯是一种半透明材料，与由石墨和黏土按照不同比例混合而成的素描铅笔有很大的不同。国产的彩色铅笔大多数是腊基质的，不容易形成细腻的风格和锋利的边界，但是在制造特殊效果的时候有其特殊的用处，是一种辅材。国外的彩色铅笔多为碳基质的，有的具有水溶性，但水溶性的彩色铅笔很难形成平润的色层，多有色斑。

彩色铅笔画的装饰性比较强，所以在绘画笔法上比素描更讲究一些。因为彩色铅笔是用比较细的线来表现形体的，所以用笔应规律才能使图画统一美观。

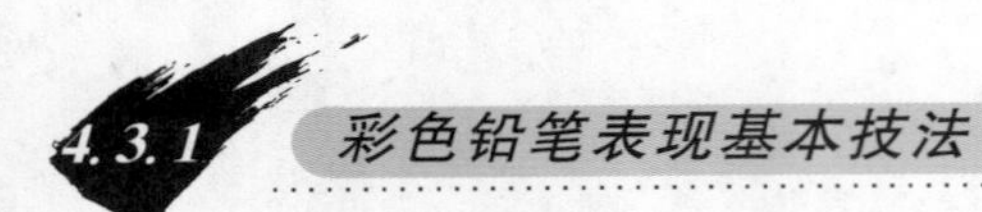

4.3.1 彩色铅笔表现基本技法

除了素描常用的排线的方法外，彩色铅笔常用以下几种装饰性强的笔法。

1. 平涂排线法

运用彩色铅笔均匀排列出铅笔线条，达到色彩一致的效果，如图 4-26 所示。

图 4-26　彩色铅笔排线示意图一

2. 叠彩法

运用彩色铅笔排列出不同色彩的铅笔线条，色彩可重叠使用，变化较丰富，如图 4-27 所示。

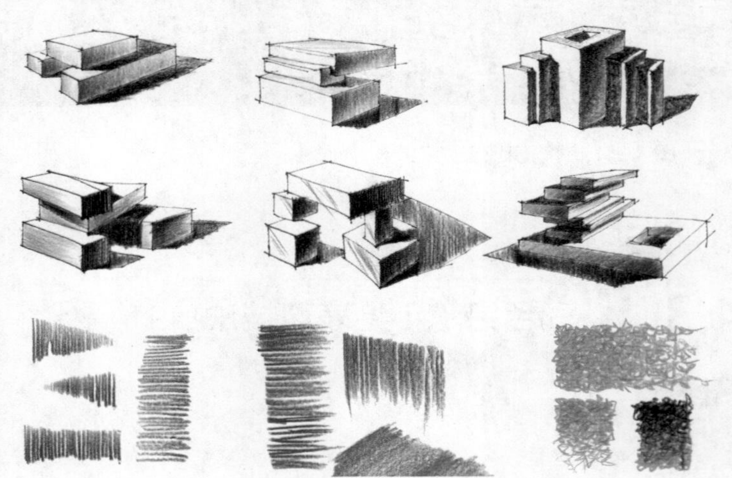

图 4-27　彩色铅笔排线示意图二

3. 水溶退晕法

利用水溶性彩色铅笔易溶于水的特点，将彩色铅笔线条与水融合，达到退晕的效果，如图 4-28 所示。

图 4-28　彩色铅笔排线示意图三

4.3.2 彩色铅笔表现的基本步骤

1. 结合素描的线条来进行塑造

彩色铅笔和普通的铅笔有很多共同点，所以在作画方法上，可以借鉴以铅笔为主要工具的素描的作画方法，用线条来塑造形体。

一般画轮廓的时候，可以直接用彩色铅笔打底稿，但用笔可以略轻微些，握笔时笔与纸的角度大约为90°，此时刻画出来的线条会比较硬、细，适合小面积的涂色。

如果涂色面较大，则线条也可以更为松散一些，可以把笔倾斜，笔杆与画面大约成45°，笔尖与纸接触面积大，所以涂出的线条就粗了。由于彩色铅笔是有一定笔触的，因此在排线平涂的时候，应注意线条的方向，要有一定的规律，轻重也应适度，否则就会显得杂乱无章。

另外，线条与运笔也有关系，需要粗线的时候，用笔尖已经磨平的面来画；需要细线的时候，用笔尖的棱来画，这样就可以很好地掌握线条的粗细了。

常用的几种实物的绘制方法具体介绍如下。

- 画草地：用排线的方法，留出彩色铅笔的笔触，使画面更显简洁生动，如图 4-29 所示。

图 4-29　用彩色铅笔表现草地示意图

● 画天空:用一些斜线画出松软的线条,并留出些空白画云,使天空看起来更为通透,明朗。

● 画云:如果画的云类似棉花,看起来弯弯曲曲的,就可以先用蓝色的彩铅笔比较重地刻画一下,然后用同一种颜色沿着轮廓,由重及轻地往外画,这样画出的云不仅漂亮,而且把云绵软的质感表现得很形象,如图 4-30 所示。

图 4-30　用彩色铅笔表现云示意图

● 画水:用平涂加重点刻画的方式,可以表现出生动的倒影,如图 4-31 所示。

图 4-31　用彩色铅笔表现水示意图

● 画花:采用彩色铅笔接色的方法,能生动地表现出花的色彩关系和虚实感,如图 4-32 所示。

图 4-32　用彩色铅笔表现花示意图

2. 表达想法和情感

使用彩色铅笔不仅是为了画面漂亮，更重要的是要让色彩表达出作者的想法和情感。例如，画面中鲜花盛开、到处充满新鲜的绿色，这样表达的自然是春天的气息，而表达寒冬自然就需要用冷的色调，如紫、蓝等。因此，根据画的内容结合自己的想法，有时可把色彩画得鲜艳，有时也可以使色彩淡雅，有些部位可多用色彩，有些部位可少用色彩，色彩要互相衬托对比。很多效果图就是依靠选用合适的色彩，利用色彩之间的关系来表达设计师想法的。

3. 加入其他工具

最后根据画面的需要，还可以适当加入其他的表现工具，如使用水彩、水彩笔来点缀，使画面更富有表现力。

用彩色铅笔表现的要点具体如下。

(1) 彩色铅笔有其特有的笔触，用笔轻快，线条感强，可徒手绘制，也可靠尺排线。绘制时应注重虚实关系的处理和线条美感的体现。

(2) 彩色铅笔不宜大面积单色使用，否则画面会显得呆板、平淡。

在实际绘制过程中，彩色铅笔往往与其他工具配合使用，如与钢笔线条结合时，利用钢笔线条勾画空间轮廓、物体轮廓，运用彩色铅笔着色；与马克笔结合时，运用马克笔铺设画面的大色调，再用彩色铅笔叠彩法深入刻画；与水彩结合时，用彩色铅笔体现色彩退晕效果等。

4.3.3 彩色铅笔表现实例

彩色铅笔表现实例如图 4-33 至图 4-39 所示。

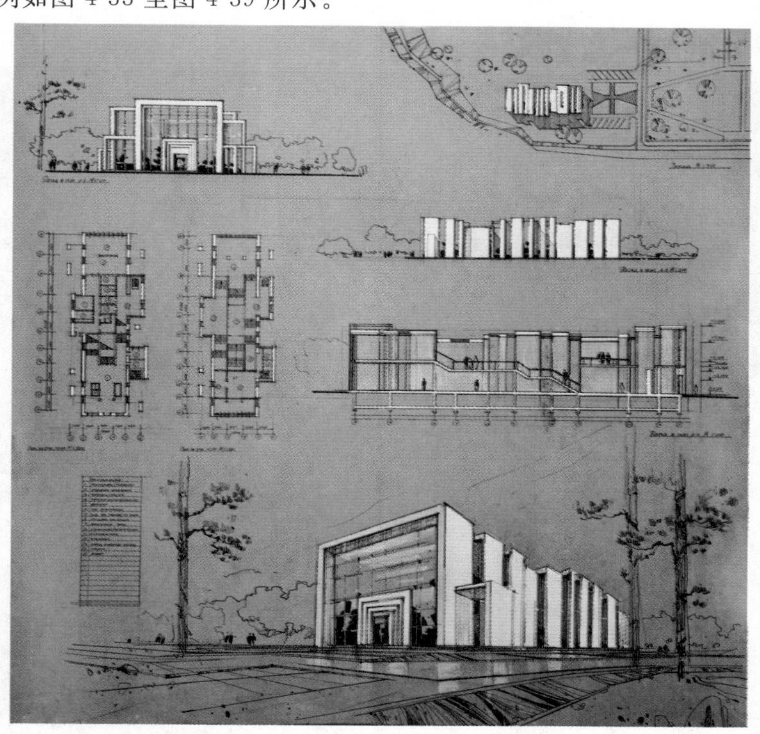

图 4-33　彩色铅笔表现图一

图 4-34 彩色铅笔表现图二

图 4-35 彩色铅笔表现图三

图 4-36　彩色铅笔表现图四

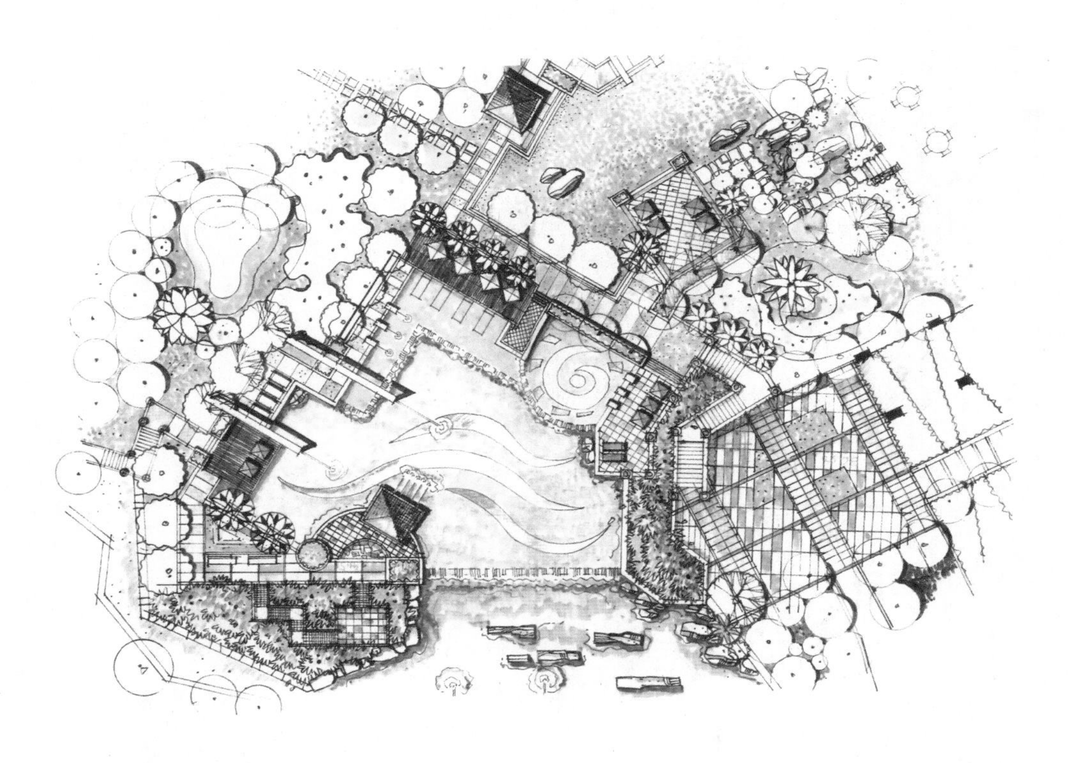

图 4-37　彩色铅笔表现图五

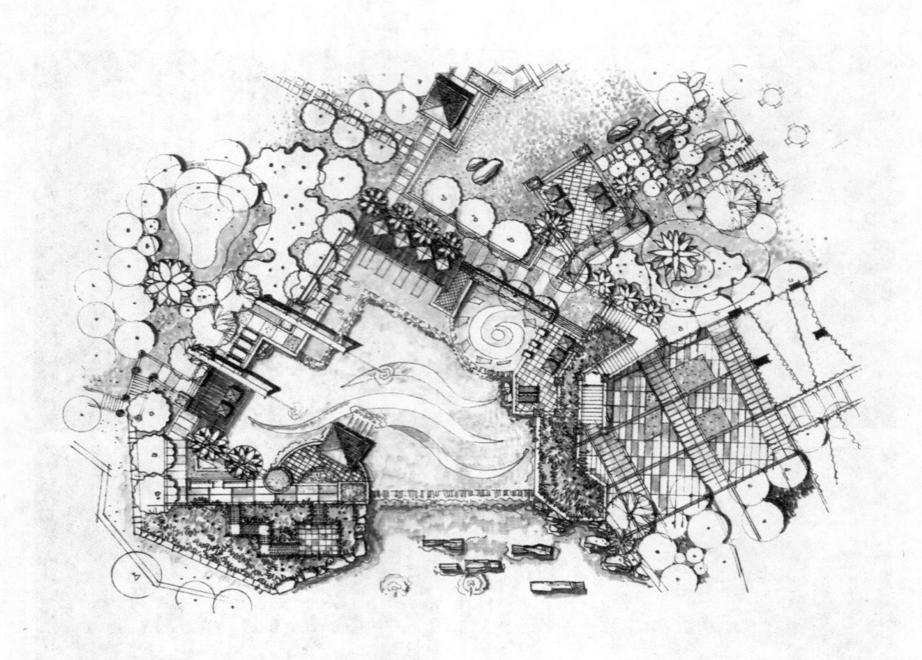

图 4-38　彩色铅笔表现图六

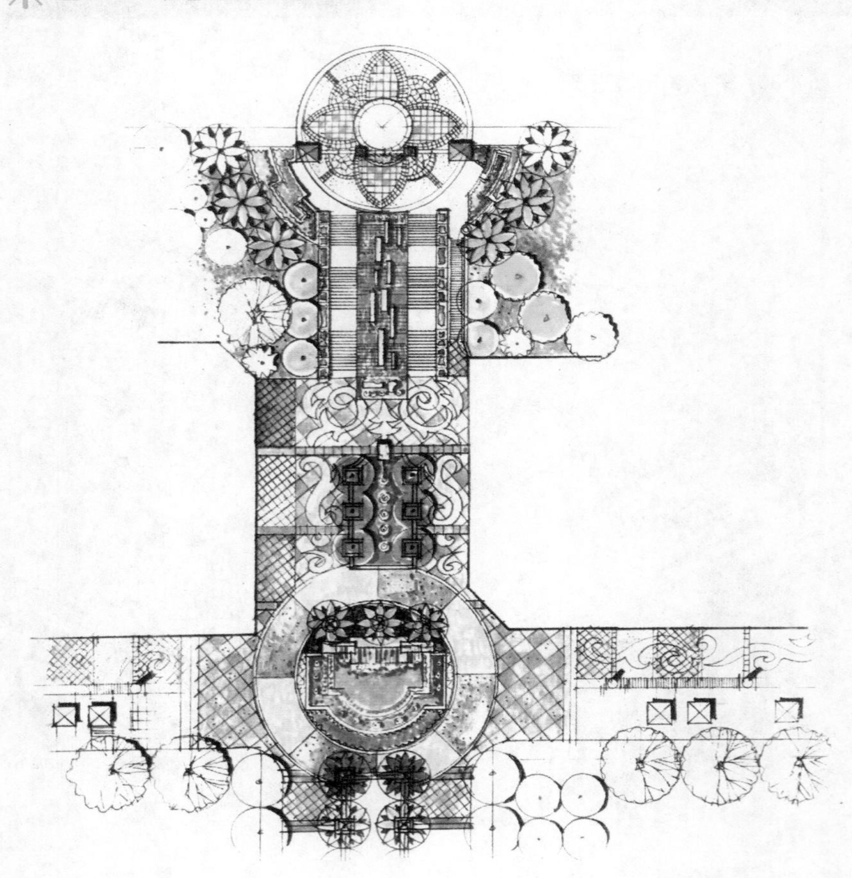

图 4-39　彩色铅笔表现图七

4.4 水彩手绘表现技法

水彩效果图是城市规划设计、建筑设计、园林景观设计中最常用的表现手法，它具有表现细腻、层次分明、图面清晰等特点，也比较容易为初学者所掌握。

水彩画是通过水与色的变化来描绘景物的。其艺术形象是用线条、色块及其明暗对比构成的，而水彩效果图中的明暗层次是借助于水的多少来表现的。某种颜色加水越多就越淡，反之加水越少颜色就越深。水彩颜色在水的调和下相互渗化、流动所产生的色彩变化是其他画种所没有的。因此水彩效果图应充分发挥其水色交融、流动所产生的复杂变化来表现艺术形象。

水彩效果图使用的颜料质地细腻，主要由植物、矿物和一些化学物质组成，用水稀释后大多呈现出透明或者半透明的状态。图面颜色是由颜料通过水为媒介作用到白色纸张上的，掌握水与颜料的搭配是水彩效果图的灵魂，图面常以水容色、以水导色、以水渗色，在水与色的交融中，能够产生清新亮丽、轻快流畅、滋润流动的韵律美；同时，水彩颜色的透明性使得它的覆盖性较差，尤其是明度高的颜色不具有覆盖性，因此，水彩画不适宜进行反复的修改和铺色，在绘制水彩效果图时往往力求干净利落，并在一、二遍之内完成基本效果。

城市规划的水彩表现如图 4-40 所示。

图 4-40　城市规划水彩表现图

4.4.1 水彩表现的基本技法

水与色的结合、颜色的调配、时间的把握是水彩画成功与否的重要因素，而这一过程也能反映出设计师的色彩感觉和个性，如图 4-41 所示。水彩效果图的特点：有的水色一体、酣畅淋漓，有的水色明朗、轻快洒脱、柔中带刚。绘制中虽然水分、颜料的多少和具体时间的长短，不能具体度量，但可以通过经验来判断出达到水分、颜料、时间的最佳组合状态。

借鉴前人的经验，水彩画技法通常分干画法和湿画法、干湿结合三种技法。

(1) 干画法是在已干的底色上再着色的方法，画者可以有时间从容地一遍遍着色，不追求水色的相互渗透，画面干净利落，适合表现肯定的形体和清晰的色彩层次。运用干画法时，有时由于笔上的水分少颜色多，在快速用画笔擦、扫画面时，会出现"飞白"的效果，这种效果常用来表现高光的效果，体现对象的质感。

(2) 湿画法则注重恰当的把握时间和水分，时间把握过早便会失去应有的形体，而时间把握过晚则底色已干，使衔接生硬。通常会将纸张先刷湿，趁半干时再着色，或者未干时在邻近处趁湿用另一色接色，两色叠加渗化，产生自然融合的效果，适合表现云雾、烟雨等意境的对象。

(3) 干湿结合画法，该画法在实际绘画中运用最多，初学者易于掌握。例如，主体物用干画法，便于突出造型；背景处理用湿画法，整体大气，画面表现力强，充分发挥用笔的轻重缓急、干湿快慢。

图 4-41　水彩表现基本技法图

4.4.2 水彩表现的步骤及注意事项

1. 水彩表现的步骤

(1) 起稿定形时，形体应尽量准确，用 2B 铅笔清楚描绘物体的亮面、明暗交界线、反光、投影等位置，在颜色较深的位置可以铺一层薄薄的铅笔线条，表示出暗部和投影。最好不用橡皮，其擦磨纸面会影响着色的匀净。

(2) 先规划作画顺序，做到下笔前胸有成竹。上色一般由明到暗、由浅到深，先铺大块颜色，后铺小块颜色。先画需要湿画法表现的部分，后画干画法表现的部分。

(3) 画前先用大号笔在纸上刷一遍水，让纸张充分湿润，稍等片刻后用湿画法画出背景大色调。把握整体效果和画面的基调，预先分析一下大体的色彩关系，从明度、纯度、冷暖等方面分析，依次找出各区位层次再开始着色。画单个物体应先画亮部、受光部，再画暗部和投影部分。前景实，后景虚，获得层次分明的效果。水彩颜料的透明特性决定浅色不能覆盖深色，一些浅色、亮色、高光部分，在画时需事先留白，不能像水粉和油画那样用白粉或淡色提亮。

(4) 初学者应重视最后整理画面这一步骤。要养成多远看的习惯，从整体出发调整完善。图面色彩单调时应适当添加环境色，以丰富图面色彩感；感觉图面色彩过于丰富时，可罩一遍色修改统一基调，使画面趋于和谐。用色错误的地方，用笔蘸清水稍做清洗，再修改调整，即可收笔。

2. 学习水彩表现的注意事项

水彩画学习中常出现的弊端有以下几种。

1）脏

绘制效果图中乱用黑色来加重图面暗部，或者着色次数过多，图面色彩的冷暖关系不明确，造成图面不干净。纠正图面脏的问题，应慎用吸管颜料里的黑色，可以通过色彩颜料的混合，调配出暗色来加重暗部，这样不仅避免了脏的问题，而且暗部色彩也有明显的色彩倾向。另外，作图时应用笔果断，尽量避免过多层的重叠，避免对比色、互补色的等量调配。

2）灰

初学者在表现水彩效果图时容易出现图面缺少“重量”的问题，即色彩明度、纯度对比弱。其纠正的方法是用对比的观察方法，正确认识对象的明暗、主次、虚实关系。例如，近处的物体实、明暗对比强烈、色彩偏暖；远处的物体虚、明暗对比弱、色彩偏冷。增强自身的色彩的感受能力，从而准确表达物体色彩的变化规律。

3）花

初学者容易出现用色混乱、色彩杂乱的问题。绘图时应把握好图面主调，局部对比不宜过多，大胆取舍，突出主次。另外，干画法太多，用色浓稠，将使画面失去润泽的水彩画韵味；湿画法过多则会使画面散乱，水渍乱涂，水色难于驾驭。

4.4.3 水彩表现实例

水彩表现实例如图 4-42 至图 4-51 所示。

图 4-42　奥林匹克纪念碑水彩表现图

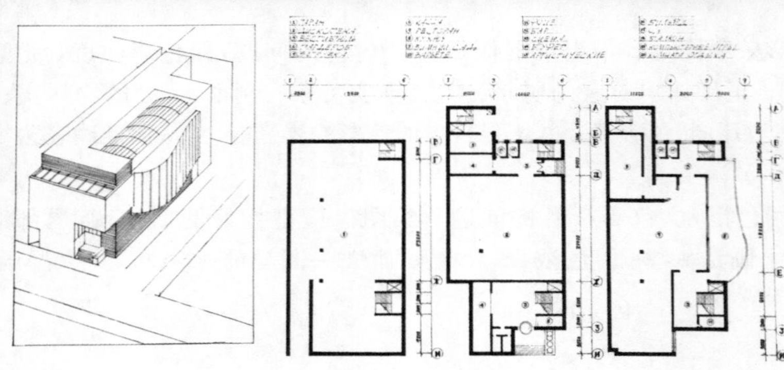

图 4-43　小剧院水彩表现图一

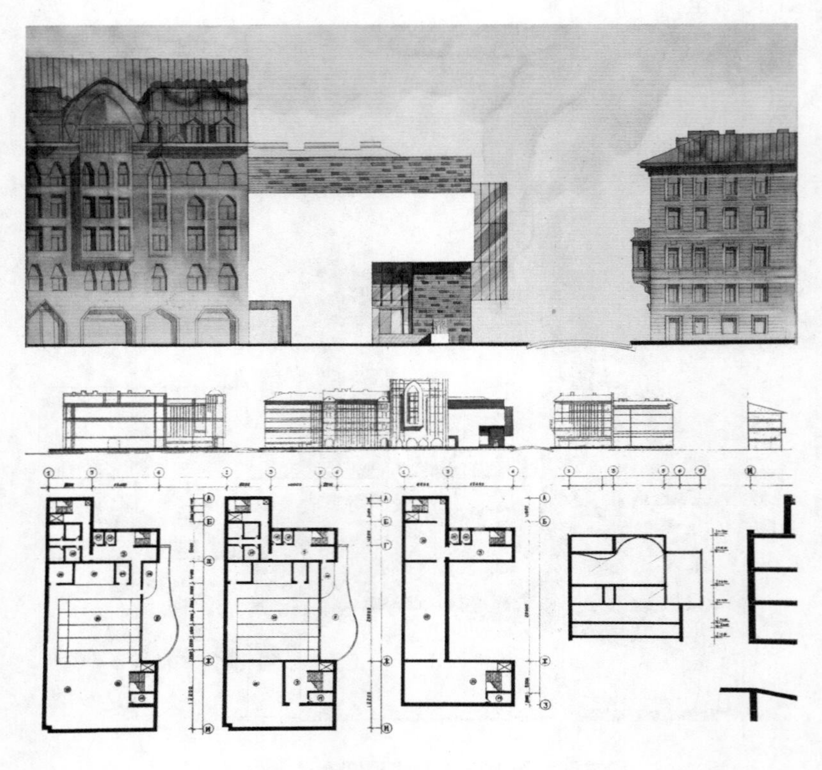

图 4-44　小剧院水彩表现图二

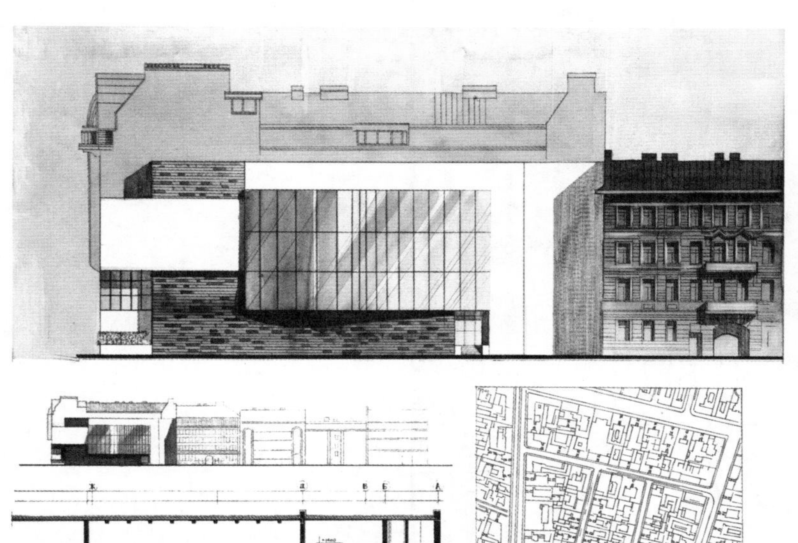

图 4-45　小剧院水彩表现图三

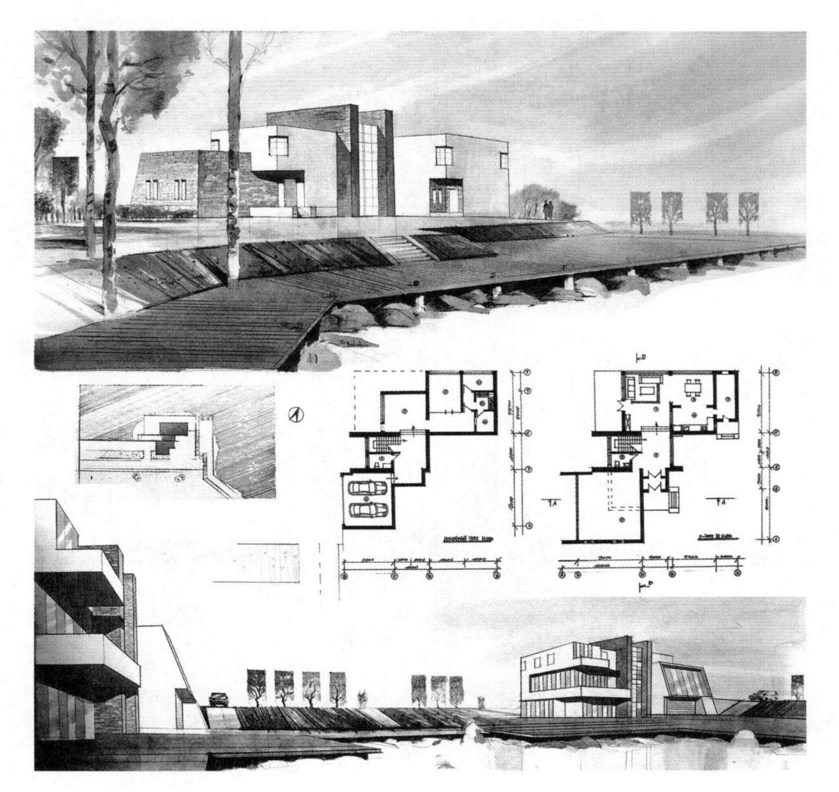

图 4-46　滨江别墅水彩表现图一

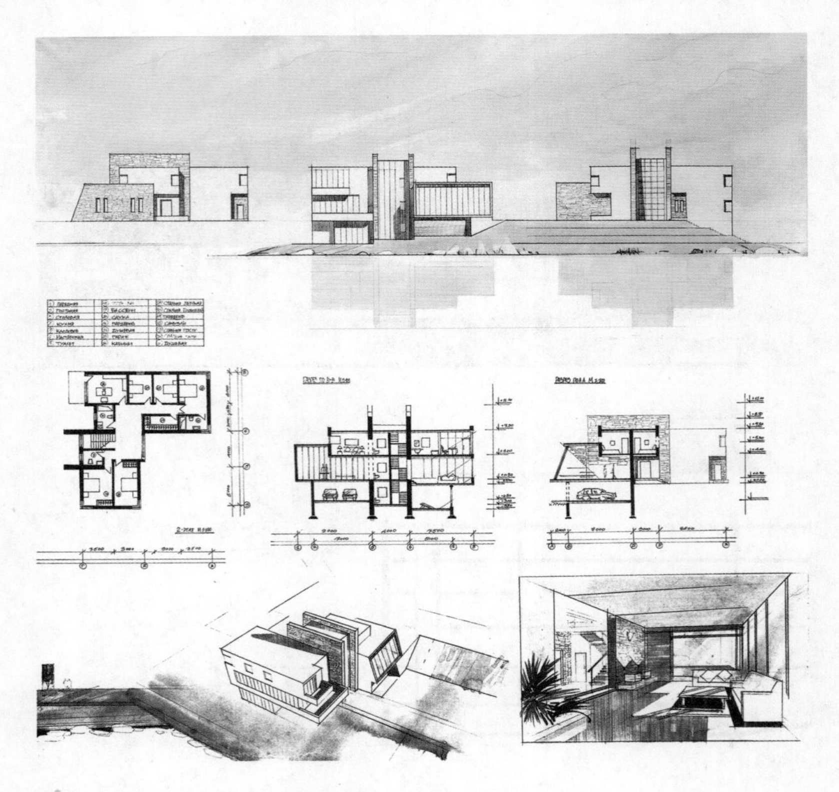

图 4-47　滨江别墅水彩表现图二

图 4-48　城市方碑水彩表现图

图 4-49　奥林匹克公园水彩表现图

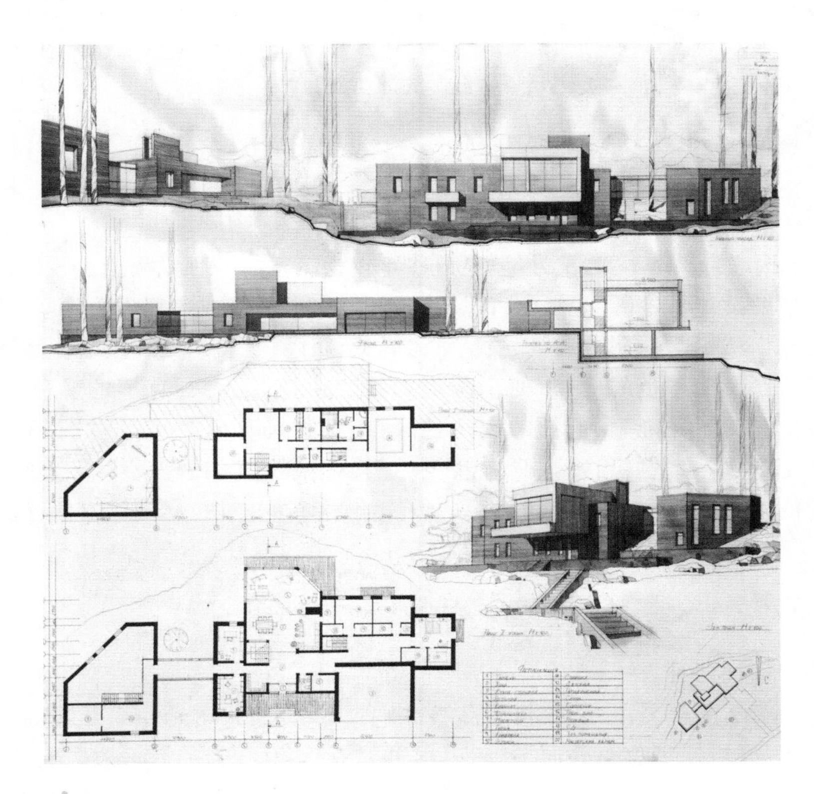

图 4-50　山涧住宅水彩表现图

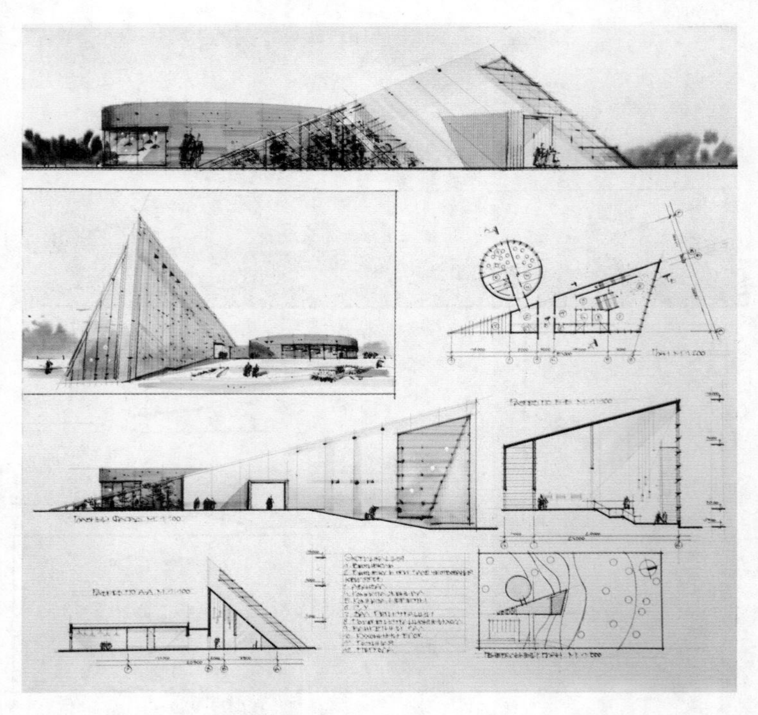

图 4-51　音乐剧院水彩表现图

4.5 马克笔手绘表现技法

马克笔是英文“marker”的音译，意为记号笔，是近些年较为流行的一种画手绘表现图的工具。马克笔既可以绘制快速的草图来帮助设计师分析方案，也可以深入细致地刻画，形成表现力极为丰富的效果图；同时也可以结合其他工具，如水彩、透明水色、彩色铅笔、喷笔等工具或与计算机后期处理相结合，形成更好的效果图。

用马克笔作画省去了调配颜色的麻烦，使作画更加有序快捷，同时马克笔的颜色不容易覆盖。在表达色彩时一定要下笔肯定。为了更准确、全面的表达色彩，在选择马克笔时可以多准备一些颜色。彩色铅笔是与马克笔相配合的工具之一，主要用来刻画一些粗糙物体的质感（如岩石、木板、地毯等），它可以弥补马克笔不能大面积平涂的缺陷，也可以很好地衔接马克笔笔触之间的空白，起到丰富画面的作用。

4.5.1 工具的选用

马克笔分为水性和油性两种。

● 油性马克笔的特点是色彩柔和、笔触利落自然、快干、耐水，而且耐光性相当好，色彩亮丽，颜色可以多次叠加而保持色彩不灰，亦可以多色重叠而不脏，可用甲苯稀释，有较强的渗透力。

● 水性马克笔的颜色亮丽清透，但多次叠加后颜色会变灰，而且容易伤纸。水性马克笔可溶于水，通常用于在较紧密的卡纸或铜版纸上作画。另外，用沾水的笔在上面涂抹的话，可以获得水彩的效果。

马克笔的色彩较多，通常多达上百种，且色彩的分布按照使用的频度，可分成几个系列。其笔尖粗细一般有多种型号，还可以根据笔尖的不同角度，画出粗细不同效果的线条来。

画马克笔表现图的时候，首先要完成线稿。线稿应先画前景，再画后面的建筑主体物，避免不同物体的线条交叉。线稿完成后再上色，逐渐形成整体。上色过程中注意色彩的前后区别，做到“前景中对比、中景强对比、背景弱对比”，以表现画面的层次。

在硫酸纸上用马克笔作画，其优点是可吸收一定的颜色，有合理的半透明度，并且可以经过多次叠加来达到设计想表达的效果；白纸类吸收颜色太快，不利于颜色间的过渡，画出来的效果图有些偏重，不适合做深入的刻画，更适用于草图和色彩的练习。用马克笔画作时不能有太多的停顿，各个颜色之间的衔接要有过渡，使每种颜色溶到一起。但需要注意上色过程应表现出明暗关系、冷暖关系、虚实关系，这是马克笔的灵魂所在，对比是表现图面效果优劣的关键。

4.5.2 马克笔基本笔法

马克笔的基本笔法有以下几种。

(1) 平涂，如图 4-52 所示。

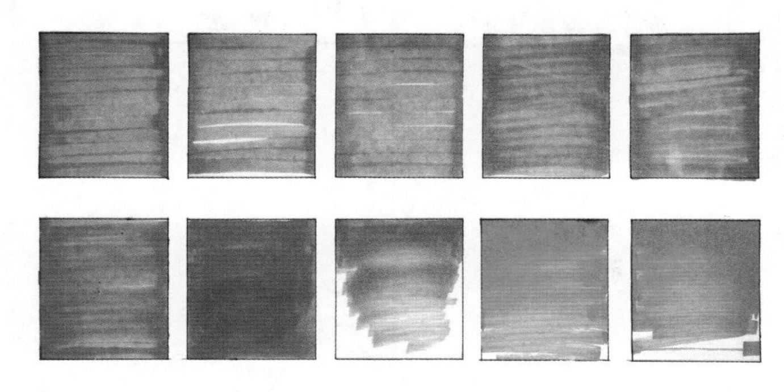

图 4-52　平涂示意图

(2) 大、小笔触的变化与结合，如图 4-53 所示。

图 4-53　摆笔要轻松自如

(3) 碎笔触，如图 4-54 所示。

图 4-54　运笔要肯定

(4) 笔触叠加，如图 4-55 所示。
(5) “之”字形笔触，如图 4-55 所示。

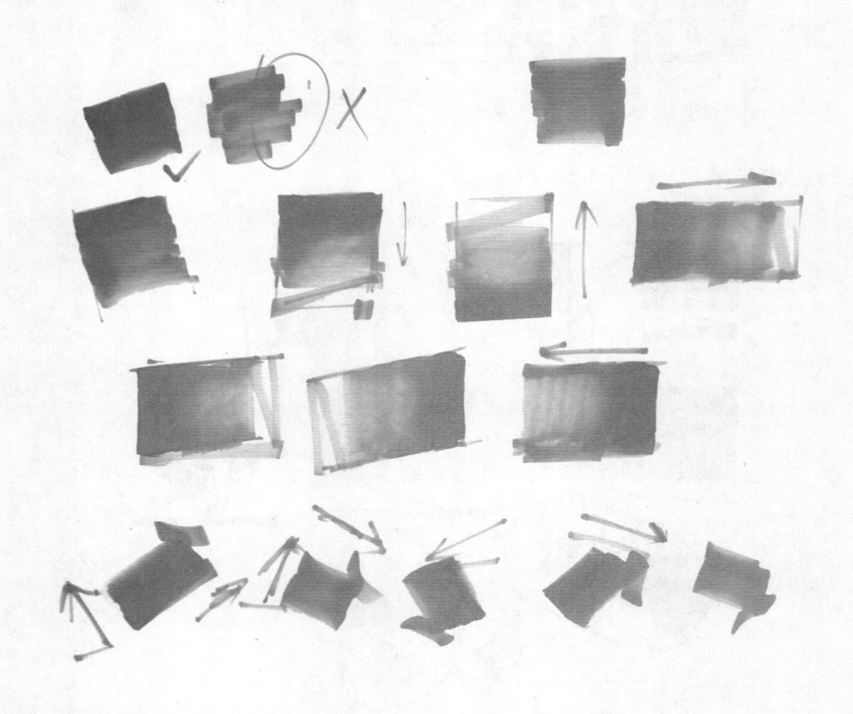

图 4-55　笔触要依循一定的方向运笔

4.5.3 马克笔表现要则

马克笔表现要则如图 4-56 至图 4-59 所示。

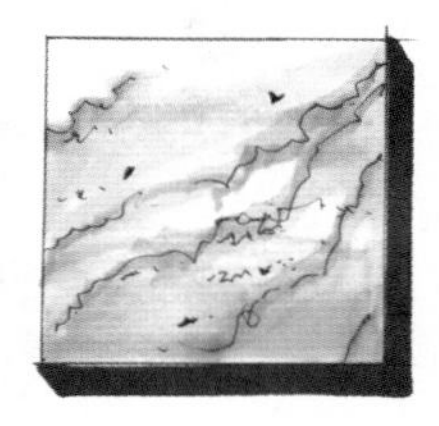

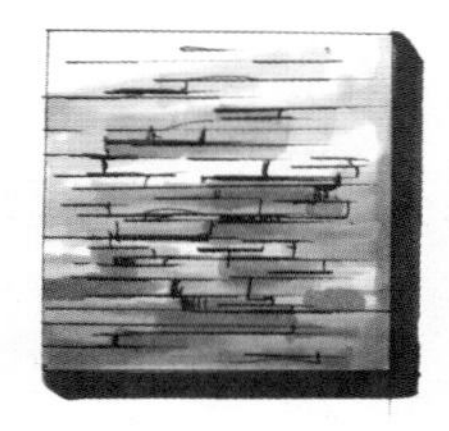

图 4-56　不同材质的表现一

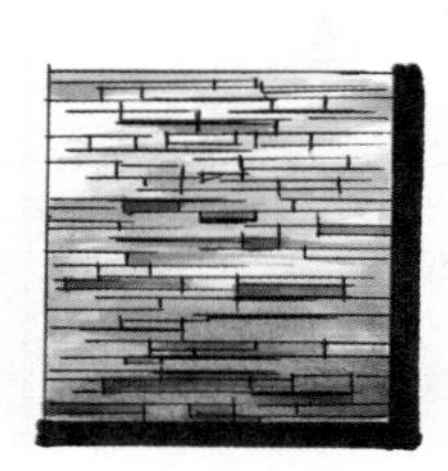

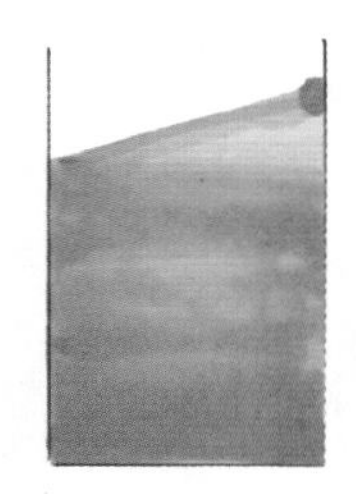

图 4-57　不同材质的表现二

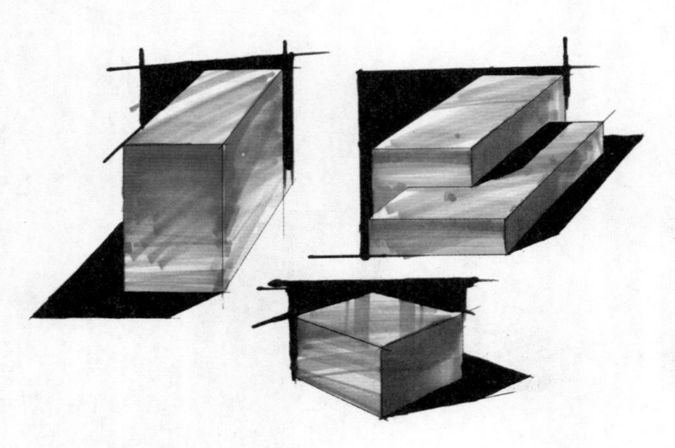

图 4-58　单色体块表现一

图 4-59　单色体块表现二

4.5.4 单色马克笔表现实例

单色马克笔表现实例如图 4-60 至图 4-65 所示。

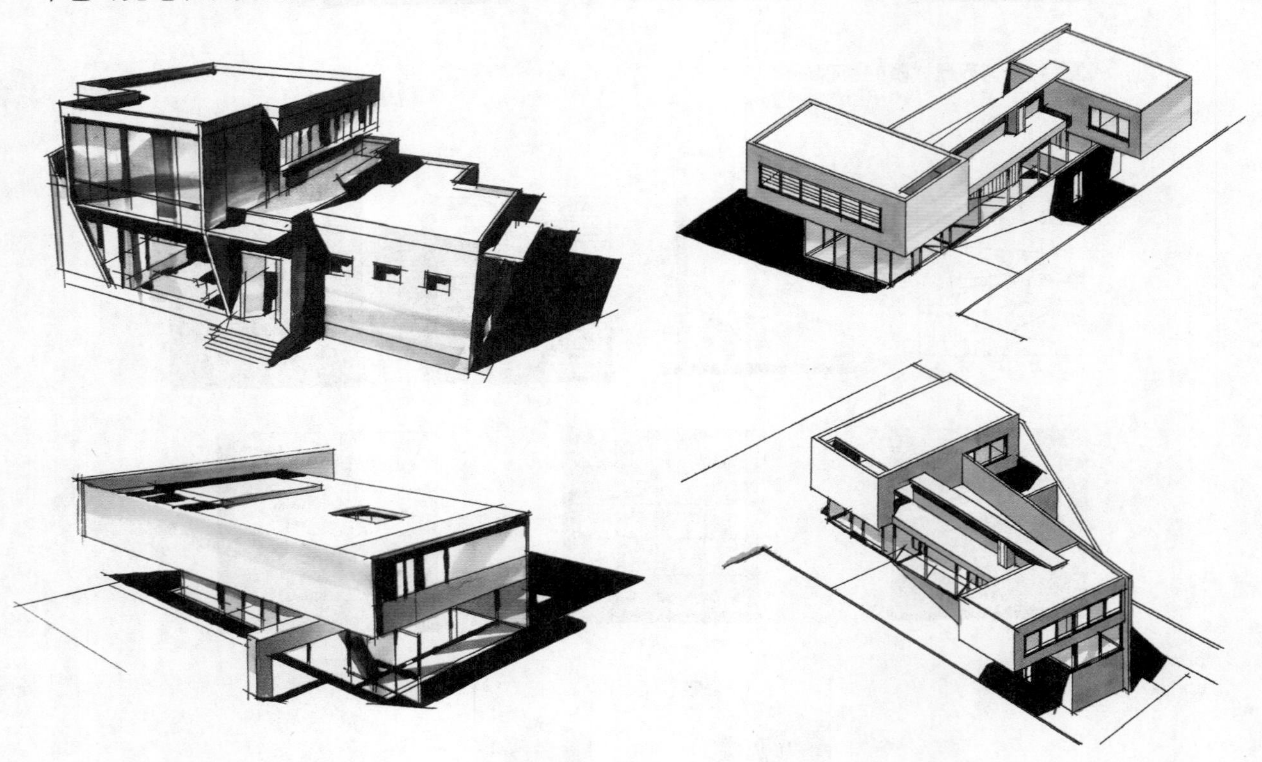

图 4-60　单色体块表现

图 4-61　枢纽站单色表现

图 4-62　科技中心单色表现

图 4-63　桥梁单色表现

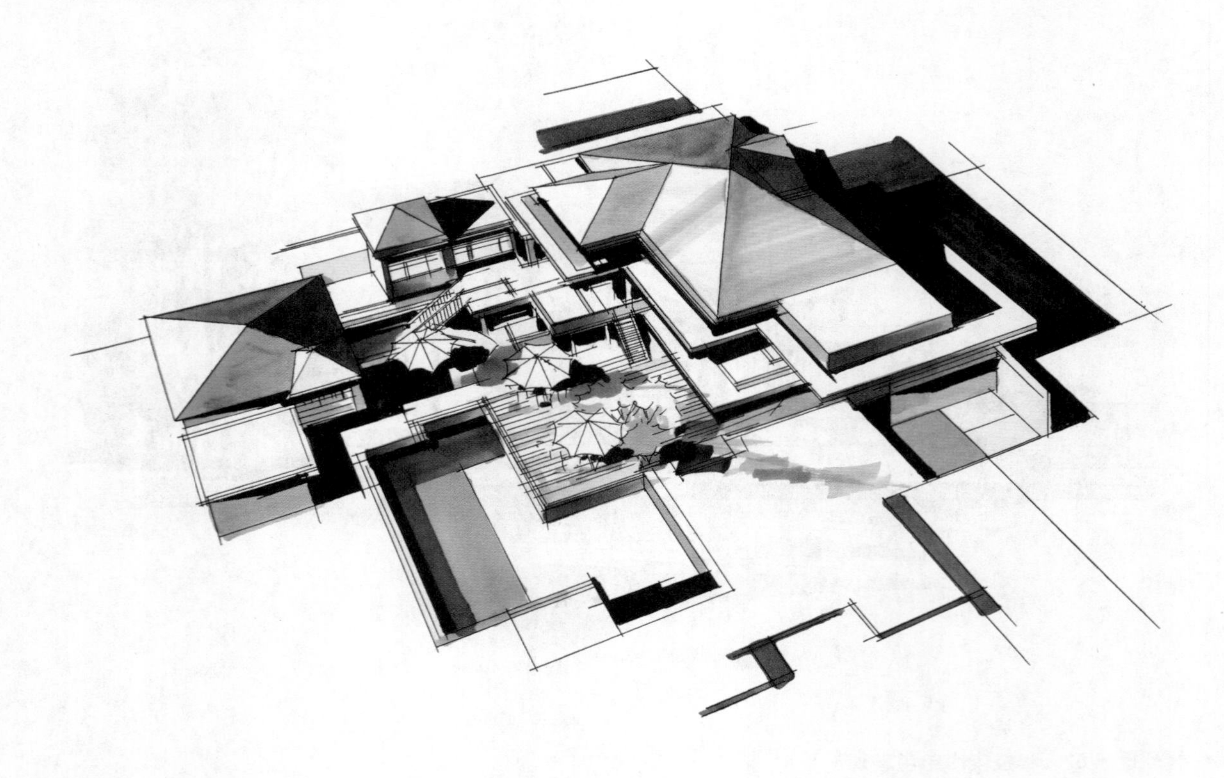

图 4-64　住宅鸟瞰单色表现

图 4-65 档案馆单色表现

4.5.5 马克笔表现建筑的步骤

马克笔的作画步骤及基本技法包括:准备、草图、正稿、上色、调整,下面分别进行介绍。

1. 前期准备工作

1) 笔

笔主要有两种,即针管笔和马克笔。针管笔以一次性的为好,常用型号为0.1、0.3、0.5和0.8,粗细线型的变化可以表现层次分明的图面。一次性针管笔在硫酸纸上挥发性好,线条流畅,而注水的针管笔或钢笔画出的线条干得较慢,很容易蹭脏画面。马克笔有方头和圆头两种,用于专业表现时,颜色至少应有六十种以上,表现园林景观效果图时绿色系列要齐全。

2) 纸

常用的纸有两种:一种是普通的复印纸,用来起稿画草图;另一种是硫酸纸,用来描正稿和上色。马克笔在硫酸纸上的效果相当不错,有合理的半透明度,也可吸收一定的颜色,可以多次叠加来达到满意的效果。复印纸等白纸类的吸收颜色太快,不利于颜色之间的过渡,不宜做深入刻画。但画者用笔熟练,运笔快捷时也可以表现出精彩的退晕效果,颜色的过渡和衔接也会很自然。

2. 草图

草图阶段主要解决两个问题:构图和色调。

构图是一幅渲染图成功的基础。构图阶段需要注意的地方包括:透视,确定主体,形成视觉中心,各物体之间的比例关系,还有配景和主体的比重等,有些复杂的空间甚至需要借助草图大师等计算机软件来拉出透视,尽量做到准确。

色调练习对于初学者来说相当重要,可以提升对色彩的认知,提高图面整体的概念。勾勒好的草图应快速上好颜色,在色彩草图表现中需用冷调、暖调、亮调、灰调等不同手法去尝试,不拘泥于细节,挑出最有感染力的一幅作为正稿时的参考，在这两个步骤完成后，即可以开始绘制最后的正稿。

3. 正稿

正稿阶段需要一丝不苟地完成线稿描绘，将混淆不清的线条区分开来，形成一幅主次分明、虚实结合的钢笔线稿，如图 4-66 所示。通常从主体开始，用 0.5 的针笔勾勒轮廓线，用笔应尽量流畅，切忌对线条反复描摹，然后用 0.3 的笔画前景的树和人物，最后用 0.1 的画远景。先画前景，后画后面的主体建筑物，避免不同的物体轮廓线交叉，在这个过程中边勾画边上明暗调子，逐渐形成整体，达到前景中对比、中景强对比、背景弱对比的效果。前景的刻画应准确、协调，背景基本上可以用点和面代替。对明暗调子没有把握的话，可以只对主体部分进行少量的刻画，其余部分用马克笔来完成。

手绘线稿的绘图过程中应注意以下五点。

(1) 物体的透视和比例关系要准确。

(2) 大的结构线可以借助于工具，小的结构线尽量直接勾画，特别是窗户细节、墙面肌理、砖石等，还有人物、车辆、树木都需要直接勾勒。

(3) 点的巧妙运用，能增加物体的质感和画面的动感。例如，草地、玻璃、石材等，都可以靠点来加强质感。

(4) 在运线的过程中应注意力度，一般在起笔和收笔时的力度要大，在中间运行过程中，力度要轻一点，这样的线才会有力度感和飘逸感。

(5) 注意物体明暗面的刻画，增强物体的立体感。图面的立体感和光影变化可以是一致的，光影表现得越强，立体感就越强，反之立体感就弱一些。

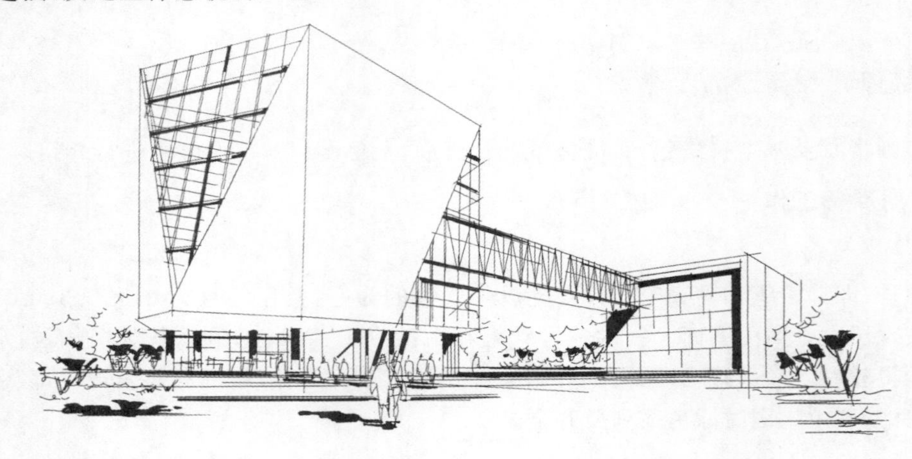

图 4-66　草图之后的正稿阶段

4. 上色

初学者如果没把握的话，可先用描图纸多画几幅单独的小稿练习，挑最有感觉的用到正图上去。上色时可以从主体建筑物的转折面重色开始，强化出光影方向，如图 4-67 所示；接下来可以用稍灰一些的枯笔压一下地面，然后再上树木的颜色，背景的颜色偏冷灰、蓝绿，分出明暗就可以了，如图 4-68 所示。前面颜色的对比强，有一定的细节，色彩更加丰富。

表现天空时，用浅紫灰色画最远处的部分，然后是浅蓝灰，最上面是蓝色，画天空时不应太多的停顿，几种色彩之间的衔接要快，迅速溶到一起，并在适当的地方留出云形，笔触不能太强，以免呆板。天空在画面中占三分之一还多，作为补充，不宜过多刻画，避免喧宾夺主。

地面和草地的颜色上完后，画面气氛基本形成，下一步就要进行深入刻画，浅浅的一层颜色并不能表现出物体光影、明暗、材质的变化，这就需要不停地叠加来达到更好的效果，此时硫酸纸将显示出优势。在这一过程中，画者可以正面刻画一些需要重点表现的地方，如主体构筑物、前景人物等。

上色一个基本的原则是由浅入深，一开始就画很深的颜色，修改起来将变得困难，在作画过程中时刻把整体放在第一位，不要对局部过度着迷而忽略整体，否则最终的图面的效果会惨不忍睹，应该牢记过犹不及的教训。

图 4-67　第一层大关系铺色，初步确定一下各区域的色彩倾向

需要注意上色的过程并不是要把树画的多绿，水画的多蓝，不能过于在意笔法的漂亮、潇洒，重要的是表现图面的各种关系，如明暗关系、冷暖关系、虚实关系等，这些才是表现效果图最核心的内容。自然的万物受其所处环境的影响，并不是孤立存在的，上色时没有准确表现关系的话，那么只能得到一堆颜色的堆砌，而不是一幅成功的渲染图。

在绘图的过程中还应学会分析思考，如印象中树应是绿色，实际上在光线和环境的影响下，亮部可能偏黄绿色，暗部偏蓝绿色，甚至还有一些紫色。只有小部分是本身的颜色，作画时应把这些微妙的关系表现出来。

图 4-68　区分明暗关系层次以及建筑与地面的关系

5. 调整

这个阶段主要对局部进行一些修改，统一色调，对物体的质感进行深入刻画，如图 4-69 所示。到这一步时需要彩色铅笔的介入，作为对马克笔的补充，彩色铅笔的修改不宜过多，因为彩色铅笔的磨砂特性与马克笔的笔触风格差异较大，画多了容易发腻，反而影响效果。

图 4-69 调整最后画面的整体感和进行细节的精细刻画

4.5.6 马克笔表现实例

马克笔表现实例如图 4-70 至图 4-73 所示。

图 4-70 小住宅马克笔表现图

图 4-71　商业区马克笔表现图

图 4-72　欧式住宅马克笔表现图

图 4-73　服务中心马克笔表现图

小结

本章主要学习了各种表现工具的运用(如铅笔、钢笔、彩色铅笔、水彩、马克笔等),以及这些工具的常用训练手法及过程,在快速表现中不同的工具所使用的方式和技巧各有不同,用简洁概括的线条排线即可准确表达物象的效果。对于形体的组合训练也是非常有必要的,它可以帮助初学者建立对于一切的表现对象转化为几何体的概念,如将几何体组合转变为石头、树草的常用训练手法及过程。

课堂练习

(1) 完成一幅A4尺寸的钢笔效果构图及表现。

(2) 完成一幅A3尺寸的马克笔表现效果图。

第5章

手绘表现之建筑篇

SHOUHUI BIAOXIAN ZHI JIANZHU PIAN

5.1 建筑平、立面图转换透视图的方法

透视图是通过特定角度来表达建筑物三维立体空间的真实性图像，所以在进行转换工作的时候，需要明确视点的位置以及透视角度。在视点和透视角度确定的情况下，就可以根据立面图与平面图之间的细节关系完成建筑手绘效果图。例如，平面图转化为鸟瞰图的方法有以下几个方面需要注意。

(1) 拿到平面图后首先应确定主轴线，看清楚建筑物和建筑物周边道路的构成关系，然后分析建筑物的高度。

(2) 选择鸟瞰视角，在选择透视角度的时候最好以 45°为透视角度，以建筑物主立面作为主要表现对象，同时也要注意以下几个常规错误问题。

① 避免直接正对高层的角度，以免挡住后面的底层建筑。

② 要避免正对着主干道的角度，这个角度难以完整的表达主轴线两旁的建筑物，较好的角度是偏离主轴 5°～15°。

(3) 在确定透视角度以后就开始在纸上画出鸟瞰图的框架，注意近大远小的透视关系。

(4) 框架绘制过程中首先应确定轴线，主轴线垂直于纸边，左右各画三根对称的线，注意应向外倾斜，如果鸟瞰图的面积比较大，倾斜的角度也应该比较大。

(5) 等分现有平面图，然后根据透视关系在鸟瞰图框架中完成相同的等分工作。

(6) 按照平面等分图中每个建筑物所占的面积比例大小画出鸟瞰的平面图，要先分出道路的位置，从而划分建筑物的大体位置，注意明确建筑物与道路之间的关系。

(7) 随后确定建筑物的标高，标高的确定应注意：先确定最高与最低建筑物的高度位置，同时确保建筑物的高度与道路宽度的协调性，完成对建筑物体量的绘制。

(8) 加入建筑物细节性内容，与配景的绘制，完成正副透视图的制作。

5.2 建筑马克笔上色步骤解析

马克笔表现技法以其快速、使用简洁、画面效果优良等特点，一直是建筑设计师创作的首选，特别是在方案快速表达的时候，的确是一种上佳的设计表达方式。想熟练地运用马克笔就应了解建筑马克笔手绘的上色步骤，掌握其层层递进上色的规律。

使用马克笔上色应遵循由浅入深的规律，强调先后次序来进行分层处理。在上色初期，通常使用比较浅的中性色做铺垫，即底色处理；而后逐步添加其他色彩，使画面丰满起来；最后使用较重的颜色处理图画中的细节部分，拉开明度对比关系。按照这种上色步骤可以非常有效地体现画面的层次效果。

在进行着色处理的时候应注意着色位置大多位于形体的下半部分，对于形体的上半部分的色彩要应有一定的省略。上色步骤也是自下而上的，表现出来的是一种“头重脚轻”的视觉效果。这种效果在铺垫画面底色的时候就应该体现出来，而后再逐步强调，所采用的笔法就是前面所说的色彩过渡处理。

以上的技法特征可以看出马克笔表现的要领与捷径在于：突出笔触的秩序和力度效果；少量的色彩点缀；拉开画面的明度对比层次。马克笔着色所使用的黑白底稿一般都是用绘图笔绘制的，采用以线描为主的快速表现形式，所用线条也尽量体现洒脱、自如、节奏鲜明的活跃效果，而不应当使用过于琐碎的表达方式。

5.2.1 建筑手绘表现范例一

下面通过讲解一个建筑手绘的实例来介绍设计的具体步骤。

- 步骤 1：在图面上迅速勾勒出设计构思，注意把握空间与形体的透视关系，如图 5-1 所示。
- 步骤 2：把握各物体的色彩、材质特征，用明度较高、纯度较低的色彩绘制形体的整体关系，如图 5-2 所示。

图 5-1　勾勒设计构思

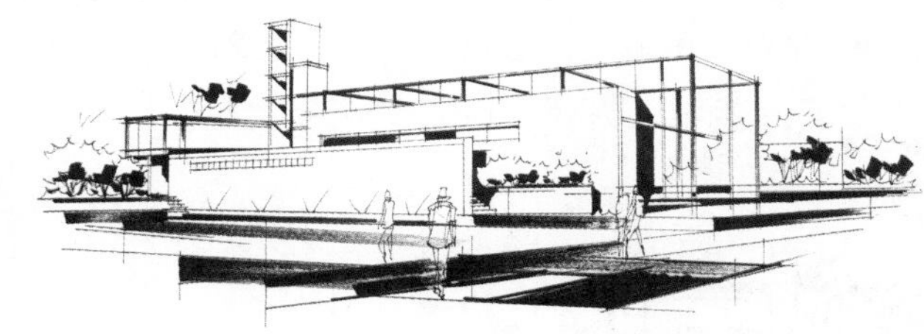

图 5-2　绘制形体的整体关系

- 步骤 3：用同色系、明度较低的颜色绘制物体的暗部和投影，注意推敲图面整体的虚实关系及色彩的冷暖变化，同时也应考虑环境色因素，如图 5-3 所示。
- 步骤 4：将人物用鲜亮的色彩进行点缀，局部的投影画得更细致一些，如图 5-4 所示。

图 5-3　绘制暗部和投影

图 5-4　绘制人物和局部投影

5.2.2 建筑手绘表现范例二

下面通过讲解一个建筑手绘的实例来介绍设计的具体步骤。

- 步骤 1：起稿，找视平线和透视点，如图 5-5 所示。
- 步骤 2：用一点透视画出建筑体块的细节，同时注意建筑配景的前后关系与穿插关系，从整体出发，保证画面的完整性，如图 5-6 所示。

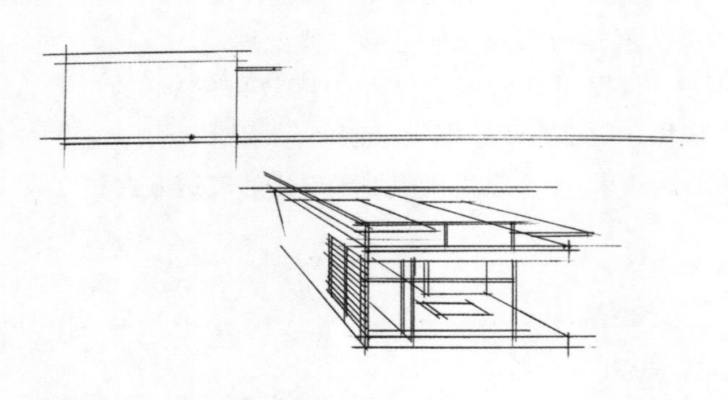

图 5-5　找视平线和透视点

图 5-6　用一点透视观察建筑体块

● 步骤 3：从透视图当中建筑体块的暗部开始着笔，同时注意马克笔的覆盖与笔触，如图 5-7 所示。

● 步骤 4：在第一遍上色过程中应注意虚实对比，处于视觉中心的建筑体块需进行重点地刻画，在细节上处理上要突显出来，如图 5-8 所示。

图 5-7　给建筑体块的暗部上色

图 5-8　第一遍上色

● 步骤 5：第二遍上色要突出画面的明暗关系，根据主次关系应先着重强调视觉中心，使用不同颜色的马克笔添加色彩直到明暗对比效果满意为止，如图 5-9 所示。

● 步骤 6：调整画面色彩单一的问题，进行适当补色，根据不同色彩之间的补色关系进行颜色增添，最后适当用高光笔提升一下画面整体的灵动性，如图 5-10 所示。

图 5-9　第二遍上色

图 5-10　补色

5.2.3 建筑手绘表现范例三

下面通过讲解一个建筑手绘实例来介绍设计的具体步骤。

● 步骤 1：确定视平线及消失点后，确定建筑物的高宽比以及勾勒大轮廓的透视关系，注意建筑物与树木之间的遮挡以及透视关系，如图 5-11 所示。

● 步骤 2：将线稿的阴影关系表达出来即可，建筑物光影关系和周围景观的光影关系要相互一致，一般将较大的面处理为亮面，较小的面处理为暗面，如图 5-12 所示。

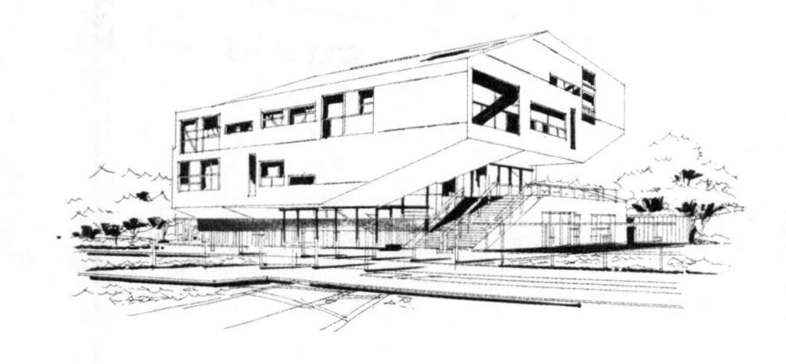

图 5-11 勾勒轮廓

图 5-12 表达阴影关系

● 步骤 3：将建筑后面的景观和地面前景上色，从而将建筑物烘托出来。第一遍上色可以使用颜色较浅的马克笔上色，随后使用颜色逐渐加深的马克笔进行重复上色，让颜色产生渐变退晕的效果，在深色部分可以适当留白，会让图面显得透气灵动，如图 5-13 所示。

● 步骤 4：将天空的蓝色分层地表现出来，可以很好地强化画面主体建筑物。此时的留白会显得格外珍贵，将其他配景进行深色处理的同时也使建筑物显得更加突出，如图 5-14 所示。

图 5-13 上色

图 5-14 绘制天空

5.2.4 建筑手绘表现范例四

下面通过讲解一个建筑手绘实例来介绍设计的具体步骤。

● 步骤 1：绘制线稿，首先需要对建筑物与配景的轮廓进行勾勒，满足透视关系即可，如图 5-15 所示。

● 步骤 2：完善线稿，充实细节部分，并将光影着重表现出来，如图 5-16 所示。

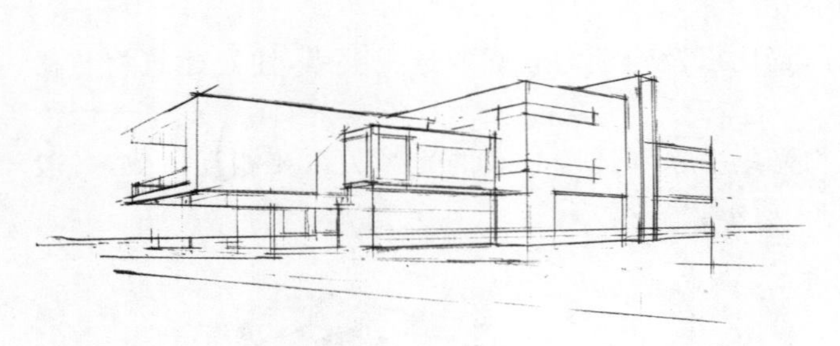

图 5-15　勾勒轮廓

图 5-16　完善线稿

- 步骤 3：画出立体绿化植物部分，用色由浅色开始，逐步表现玻璃和地面色彩，如图 5-17 所示。
- 步骤 4：深绿色加深植物暗部，建筑暗部稍微加深，强调光影明暗对比关系，如图 5-18 所示。

图 5-17　画绿化植物

图 5-18　对植物和建筑上色

- 步骤 5：深绿色加深植物暗部，强调明暗对比，完成建筑物主体的绘制工作，如图 5-19 所示。

图 5-19　完成建筑主体绘制

5.2.5 建筑手绘表现范例五

下面通过讲解一个建筑手绘的实例来介绍设计的具体步骤。

- 步骤 1:完成对建筑物的线稿绘制,如图 5-20 所示。
- 步骤 2:强化建筑光影效果,将背光处加深,投影的细节要精准刻画,如图 5-21 所示。

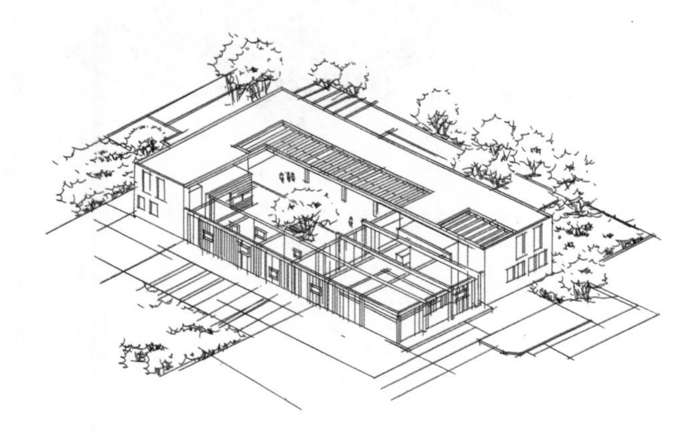

图 5-20 完成线稿

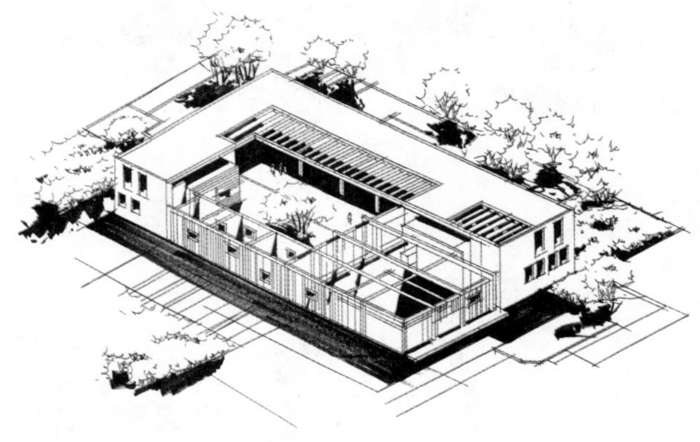

图 5-21 强化建筑光影效果

- 步骤 3:用快速扫笔的手法画出玻璃部分,切忌把玻璃涂死,如图 5-22 所示。
- 步骤 4:建筑周边的绿植铺底色可以衬托建筑物,同时要细化玻璃及廊道部分,注意添加玻璃的环境色,如图 5-23 所示。

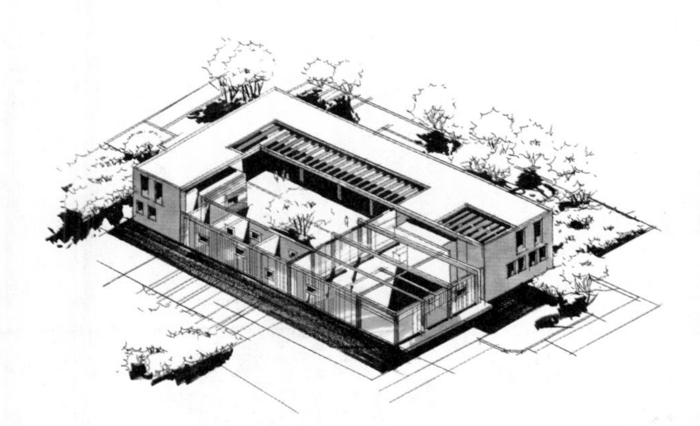

图 5-22 画出玻璃

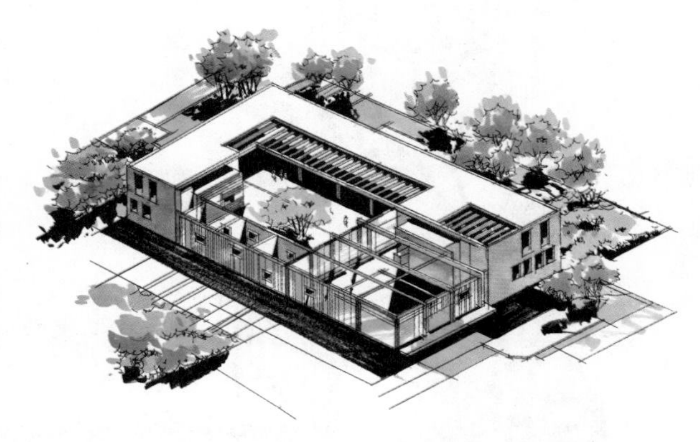

图 5-23 给绿植上色

- 步骤 5:用扫笔的方法把黑色加深窗框部分画出来。用草绿色在玻璃上加一点环境色。地面投影加强对比可以增加光感,如图 5-24 所示。
- 步骤 6:使用高光笔画出玻璃反射部位,深化建筑的各部分细节表现,调整图面光影,使其协调统一,强调主题,如图 5-25 所示。

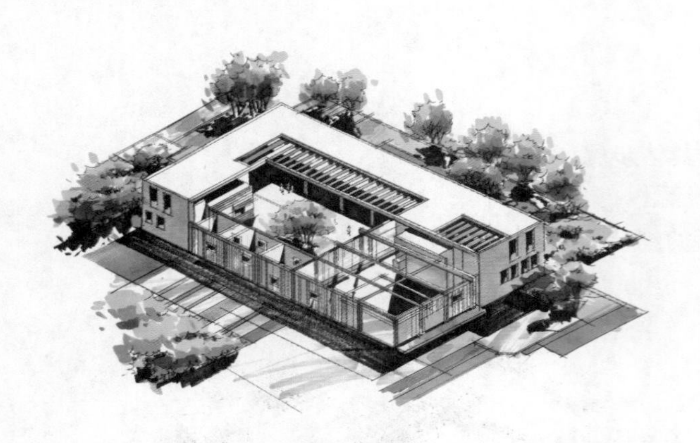

图 5-24　给玻璃上色

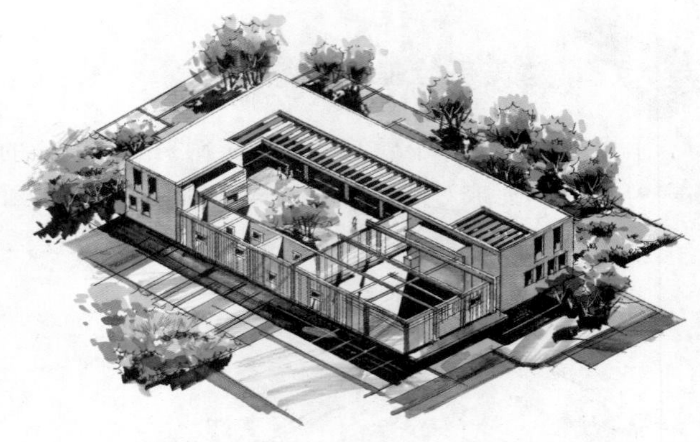

图 5-25　深化各部分细节表现

5.3 建筑表现实例

建筑手绘表现实例如图 5-26 至图 5-41 所示。

图 5-26　售楼部建筑手绘表现图

图 5-27　写字楼建筑手绘表现图

图 5-28　接待中心建筑手绘表现图

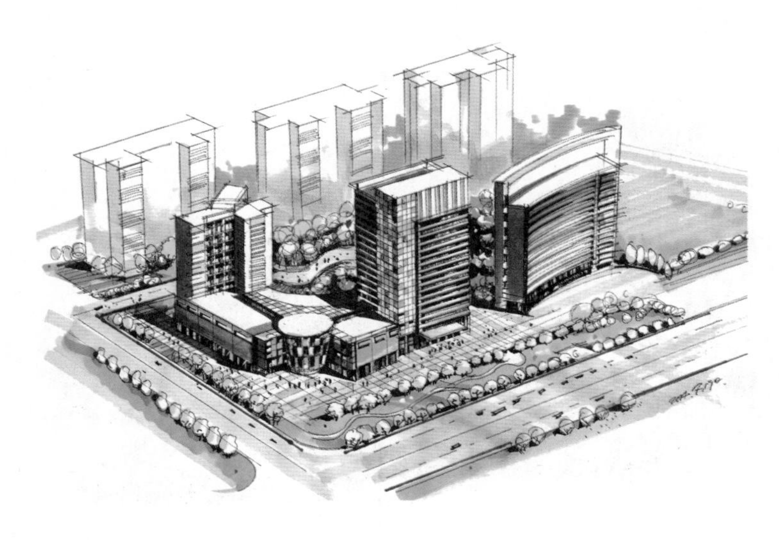

图 5-29　住宅小区规划鸟瞰图

图 5-30　服务区建筑手绘表现图

图 5-31　办公建筑手绘表现图

图 5-32　休闲中心手绘表现图

图 5-33　景区服务中心手绘表现图

图 5-34　图书馆建筑手绘表现图

图 5-35　别墅建筑手绘表现图

图 5-36　咖啡馆建筑手绘表现图

图 5-37　商业建筑手绘表现图

图 5-38　小住宅建筑手绘表现图

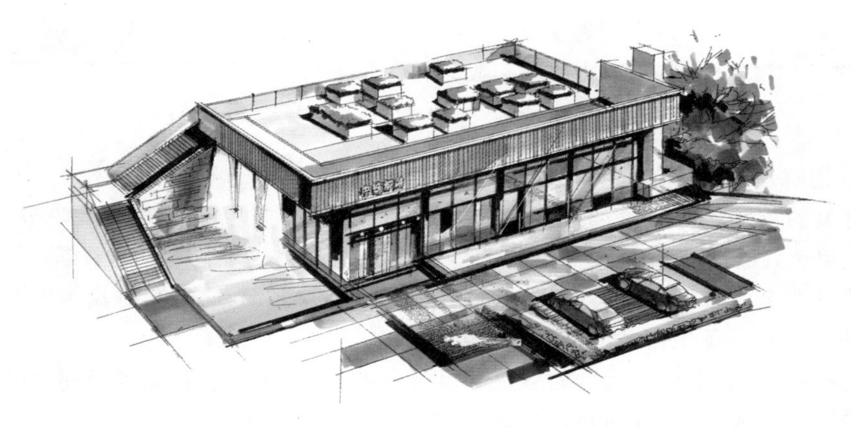

图 5-39 休闲中心建筑手绘表现图

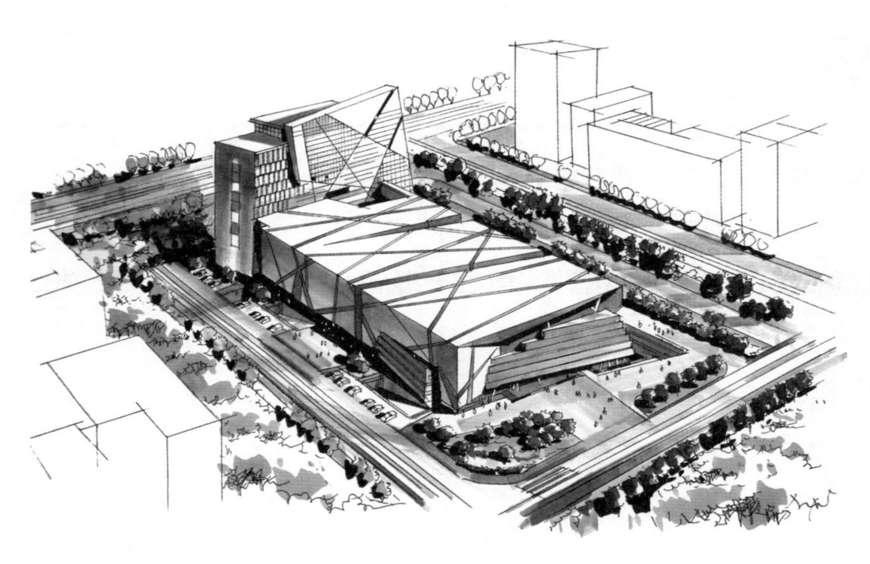

图 5-40 展览馆建筑手绘表现图

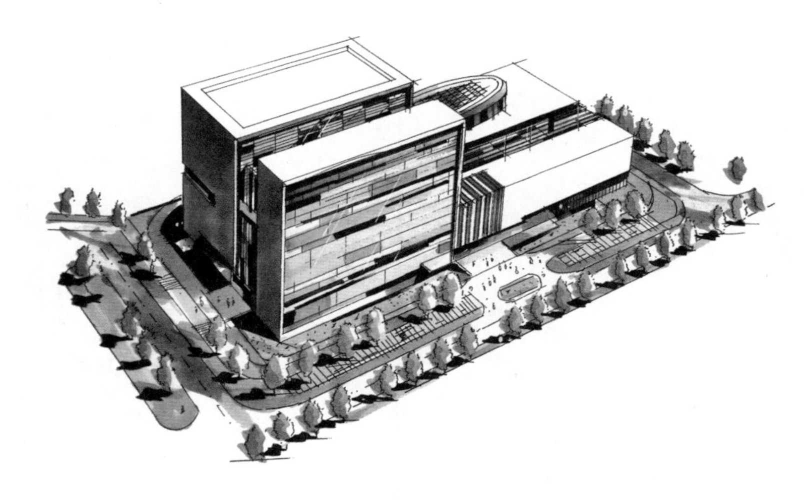

图 5-41 行政办公建筑手绘表现图

小结

本章重点讲解建筑形体的马克笔表现技法，应当注意以下五点。

（1）马克笔的笔触需要尽量拉直，才能较好的将建筑物的形体结构感与轮廓表达清晰。

（2）用笔用色要概括，应注意笔触之间的排列和秩序，以体现笔触本身的美感，不可凌乱无序。

（3）不要把整个画面画得太满，并不是每一个部分都需要细致强调，建筑需要强调的一般只是其下半部分。在绘制建筑过程中要敢于“留白”。

（4）用色不能杂乱，尽量用最少的颜色画出丰富的感觉，尤其是在画玻璃部分的时候。

（5）画面不可以太灰，要有阴暗和虚实的对比关系。

课堂练习

(1) 按照步骤临摹一幅A3尺寸大小的马克笔表现图。

(2) 找一张素材图片独立完成一幅A3尺寸大小的马克笔表现图。

第6章

手绘表现之园林景观篇

SHOUHUI BIAOXIAN ZHI YUANLIN JINGGUAN PIAN

6.1 园林景观植物平、立面图的画法

在手绘方案表现中建筑主体是重点表现对象，而植物配景则是不可或缺的衬托。植物配景是图面构成的重要组成部分，其丰富多彩的表现效果使手绘表现图显得更加富于表现力。学习植物配景画法不同于练习绘画，因为其为表达设计理念的绘制模式，所以要学会常用的植物表达内容以及常见的植物形态组合，如图 6-1 所示，初学者需要进行大量的练习。

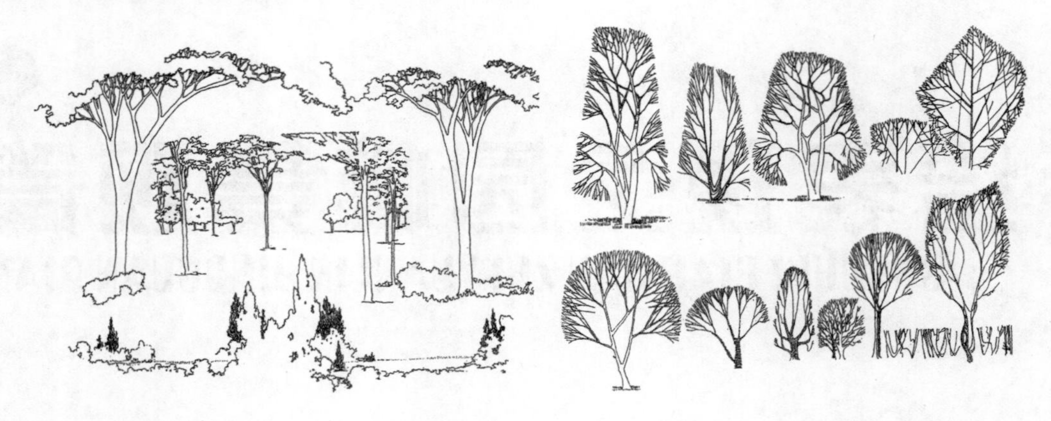

图 6-1　植物形态组合一

植物的形态种类很多，在手绘表现中应选择性地使用。要学习和应用植物表现，需要先厘清在表现图中出现的种类体系。按照植物在图面中的上、中、下位置进行区分，可以将植物形态明确区分为“树”“丛”“草地”三种不同形态，如图 6-2 与图 6-3 所示，然后在此基础上进行平、立面图的绘制工作。

图 6-2　植物形态组合二

图 6-3　植物的“树”“丛”“草地”形态

6.1.1 园林植物景观平面图的画法

在绘制平面图时，根据植物特征的不同可将其大致分类为树木、灌木、草坪三种类别。每一种类别对于手绘表现技法都有特殊的要求。

1. 树木的平面图的基本画法

树木的冠幅是逐年增大的，而图面上的冠幅是以成年树冠来计算的。成年树冠幅的大小，大乔木以5～10 m、孤立树以10～15 m、小乔木以3～7 m为准则，如图6-4所示。为了准确清晰地表现树群、树丛，可用大乔木覆盖小乔木，乔木覆盖灌木的形式来表现。为了避免图案的重叠，也可用粗线勾画外轮廓，再用细线画出各株小树的位置。

成林树木的画法：当表示成林树木的平面时，可只勾勒林缘线，再根据树木的形态特征完成细节描绘，如图6-5所示。

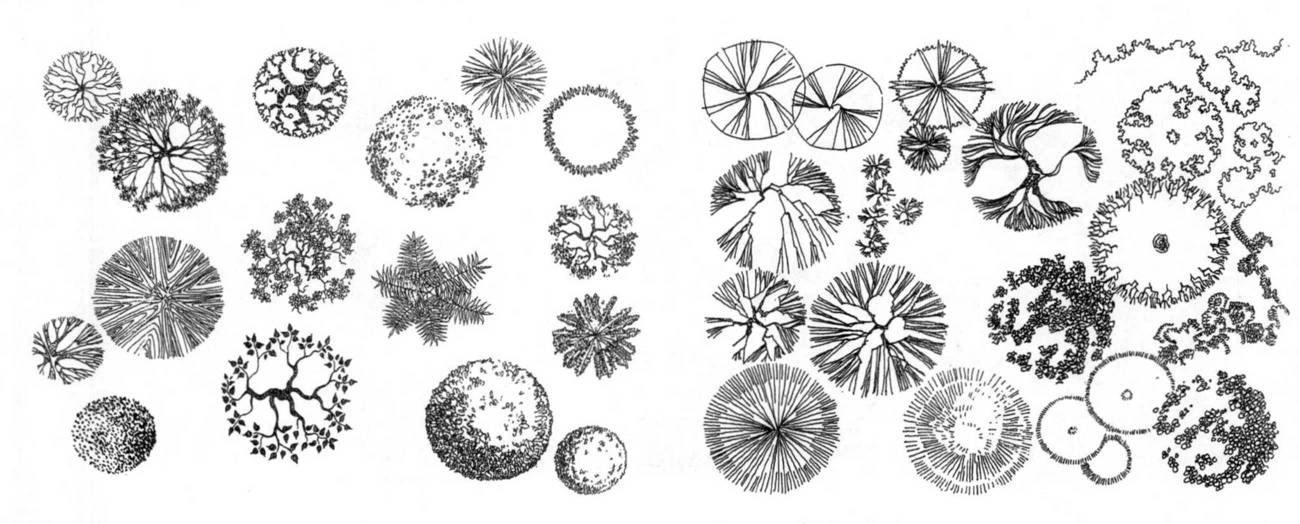

图6-4 不同尺寸的树冠画法

图6-5 成林树木的画法

阴影的画法：根据阴影透视关系，在树木轮廓旁绘制形体阴影轮廓，然后通过线条或者色块填充区域表达阴影，如图6-6所示。

图6-6 树的阴影的画法

2. 灌木的基本画法

可以根据灌木丛的形体关系，大致将整个轮廓线绘制出来，可根据灌木叶片的特点完成对细节的刻画，如图 6-7 所示。

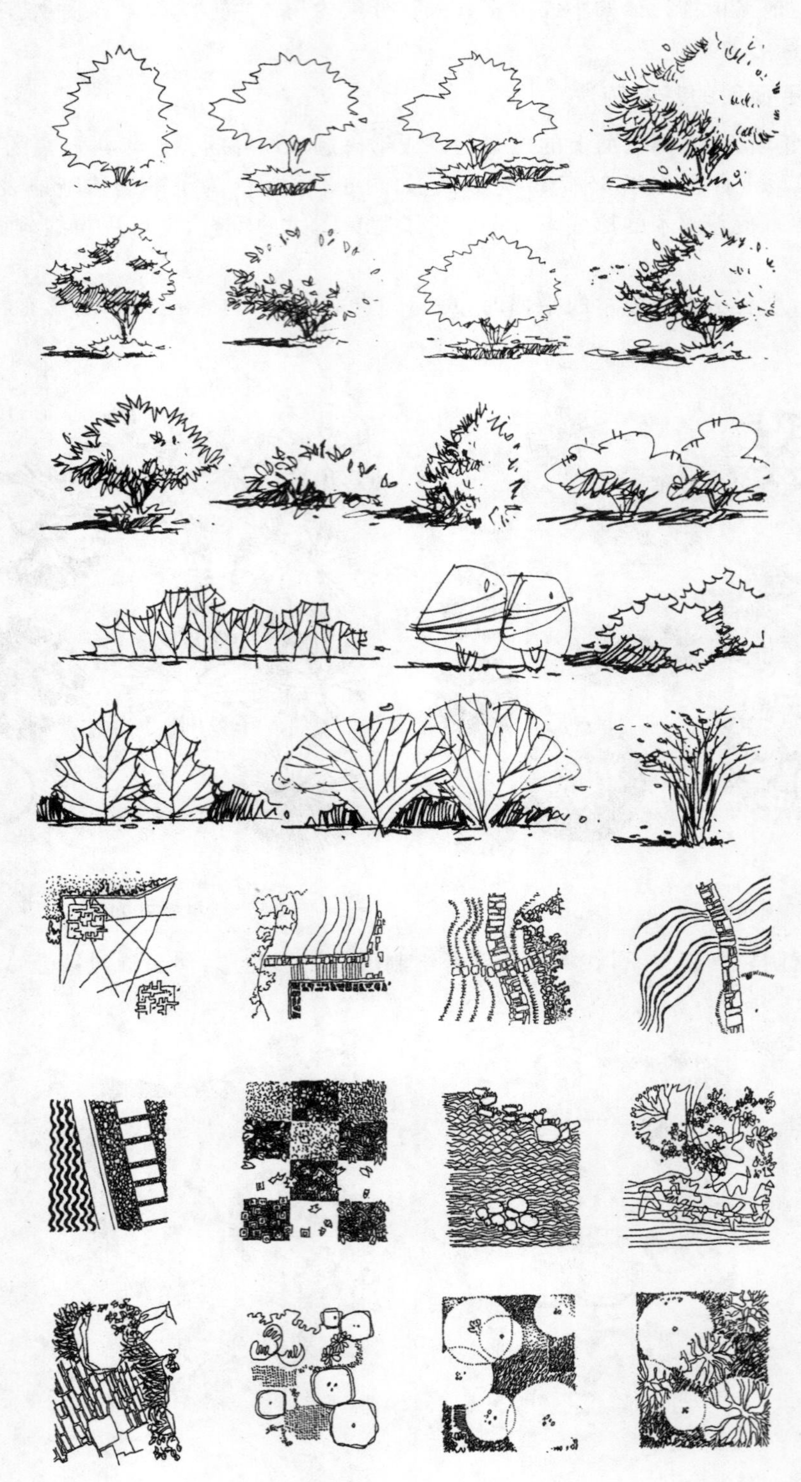

图 6-7 灌木的常见画法

3. 草坪的画法

根据笔触的不同，草坪的快速表现有以下三种手法。

(1) 打点法：根据草坪的稀疏及阴影关系，使用点来表达草坪。在绘制过程中应当疏密有致，使图面生动而不死板。

(2) 排线法：通过排线来表达草坪。线条在图面中竖直排列，将草坪的形态表达出来。

(3) 画线法：线条只需要充分表达出草坪的形态，无须遵循特定的绘制方向。

6.1.2 园林景观植物立面的画法

在建筑立面表现图中，植物是必不可少的一部分，它能够使整个图面表达变得更加生动且有感染力，让立面图具备丰富的视觉层次感。根据植物种类的不同，立面配景图中植物可分为树和丛两类。

1. 树木的画法

通过观察可以发现树木的生长是由主干向外伸展。它的外轮廓的基本形体按其最概括的形式可分为半球体或者多球体的组合、圆柱体、圆锥体等。在自然界中，植物的完整外形呈现出的几何形态是极为丰富的，很难发现呈规则几何形状的树形。如果按照完整的几何形体进行绘制，那么图面效果会过于呆板，所以在绘制表现图的时候，只能适当地允许树木呈现简单的形态，并且在细节上有所变化，以使其与整体格调协调一致，如图 6-8 所示。

图 6-8　树木的形态

在绘制过程中，由于树木仅作为配景，因此不应在图面中过于强调其细节性内容，如图 6-9 所示。同时树木不应当过于遮挡建筑的主要部分，应尽可能使植物不影响建筑的完整性。树木配景应起到烘托建筑物和增强空间感的作用，在色调和明暗上应与建筑存在对比。

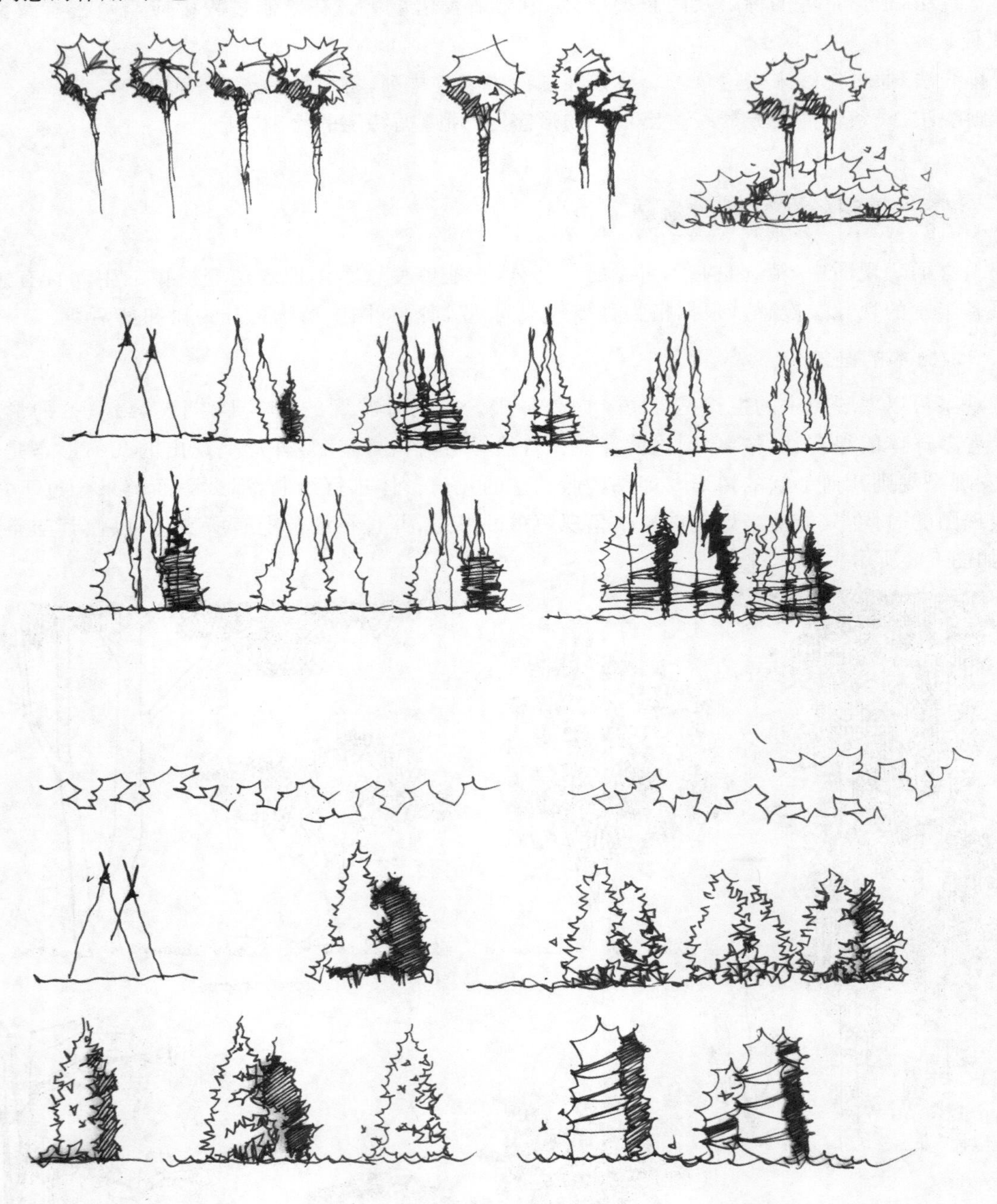

图 6-9 树木的立面配景画法

根据表现图中去繁就简的原则，在手绘过程中应当抓住树木的主要特征而不要进行过分细致的描绘，同时为了提高表现图的效率，可以学习模板化的树木绘制方法。

绘制树木时应当注意树木的几个主要部分的构造特点与大致的比例关系。下面介绍一种简便的模板化树木绘制手法，如图 6-10 所示。

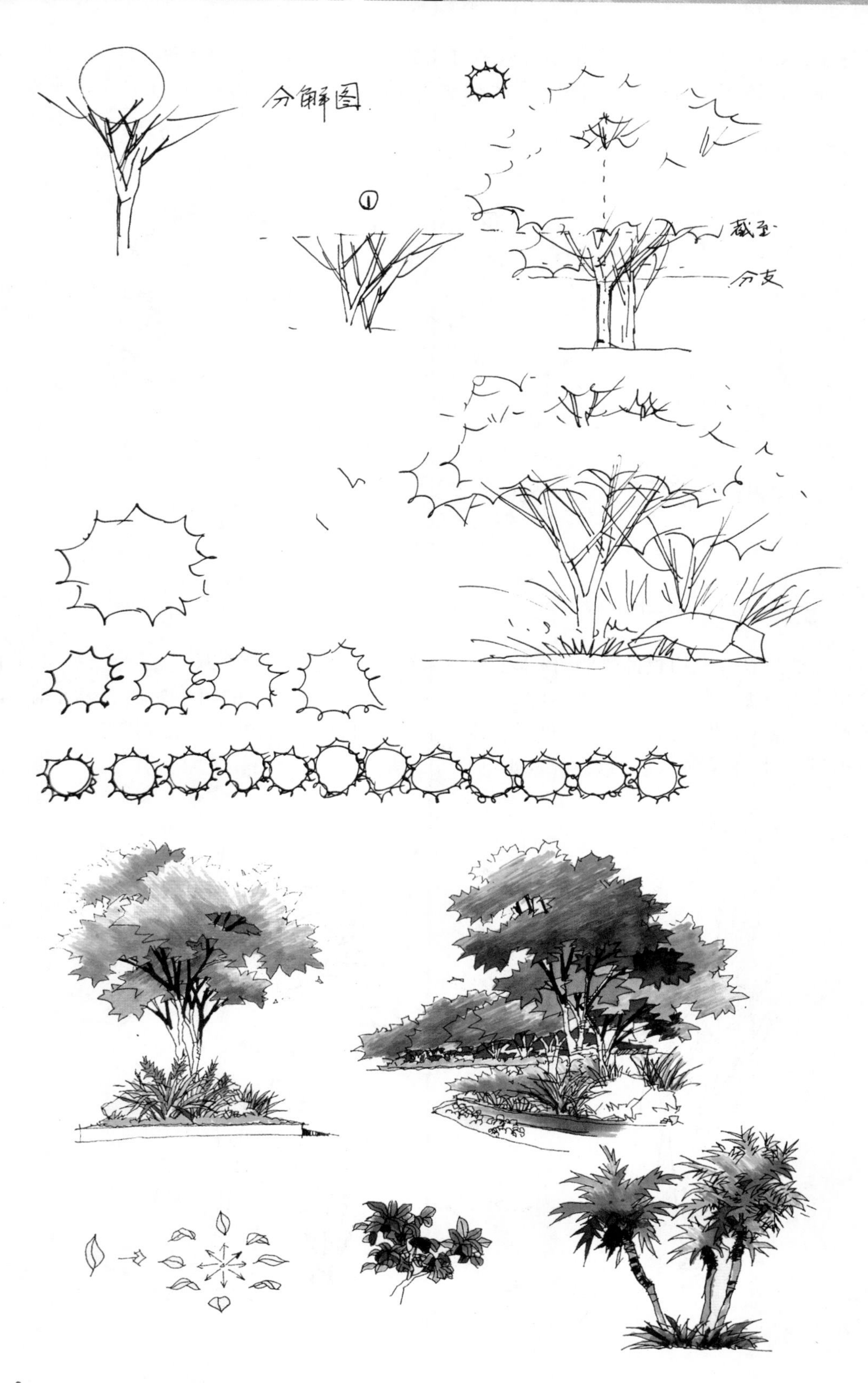

图 6-10　树木的绘制模式

首先从树干开始绘制，重点关注树木本身粗细与高度之间的比例关系，树根部应当略微展开，整个树干应当从视觉上显得苗条而又匀称。同时树干的外轮廓又能够反映出树木的特点，如图 6-11 所示。

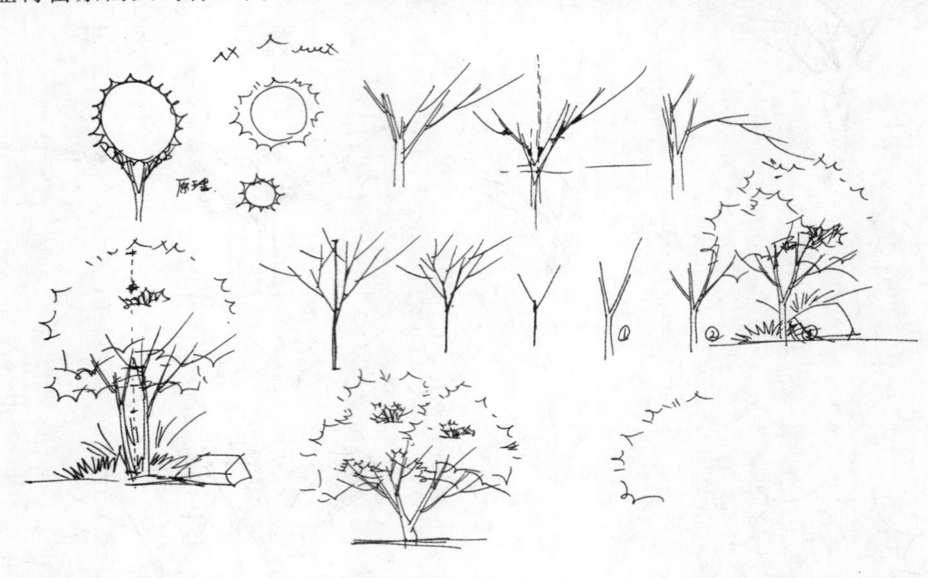

图 6-11　树干的绘制

树干绘制完成后就开始树杈的绘制，树木主杈不能够分叉太多，一般有两、三根分叉就可以了。同时树木主杈的绘制应当遵循下粗上细的原则，并且分叉与主杈之间应有明显的粗细对比。分叉时，至少要分出三种级别的粗细效果，这些分叉之间的夹角不能够太小，而是比较均匀地散开，达到"先陡后缓"的视觉效果即可，这样可以保证树木绘制效果的真实性，如图 6-12 所示。

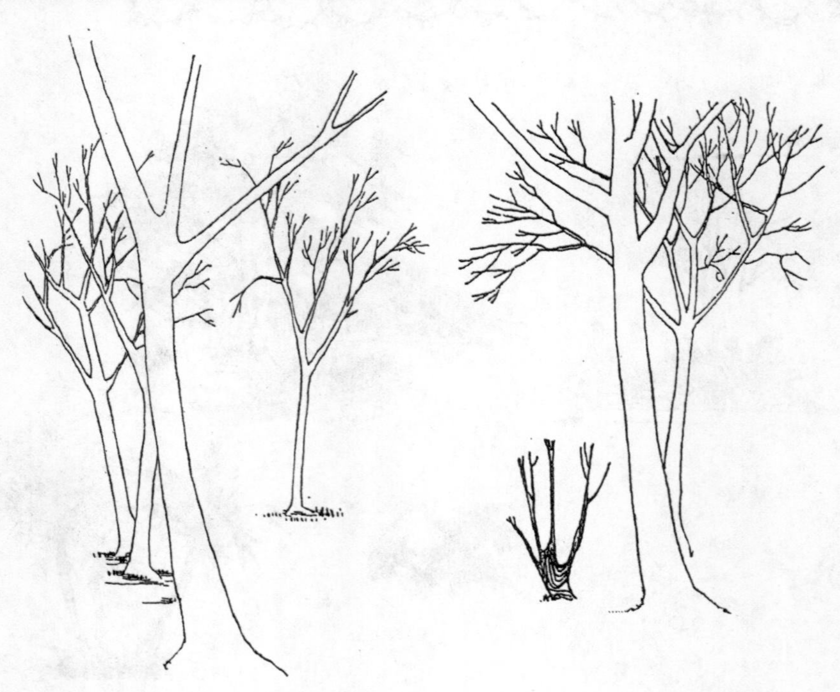

图 6-12　树杈的绘制

最后是树冠的绘制，通过绘制树叶的轮廓线将画好的杈枝连接起来，形成树冠的效果。树叶轮廓线的绘制不一定非要沿着树杈外形进行，关键是要绘制出树叶上下起伏的自然节奏变化，如图 6-13 所示。

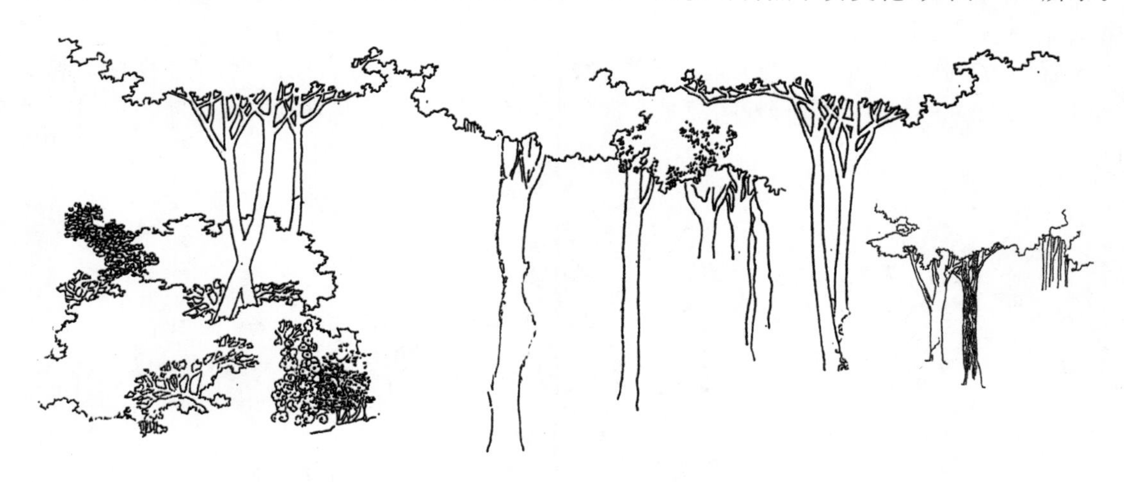

图 6-13　树叶轮廓线的绘制

树冠常规的画法是针对手绘表现中最为普通的树种进行表现的，也可以根据绘制对象的不同，灵活地运用树冠的变化来演变出几种常见的树冠形式。这几种树冠形态都是以普通形式为基础，形态特征的表现仍然是模式化的。但是当它们以“高、矮、胖、瘦”的不同形式灵活交替地出现在图面中时，就可以为场景表现增添许多生动自然的效果，如图 6-14 所示。

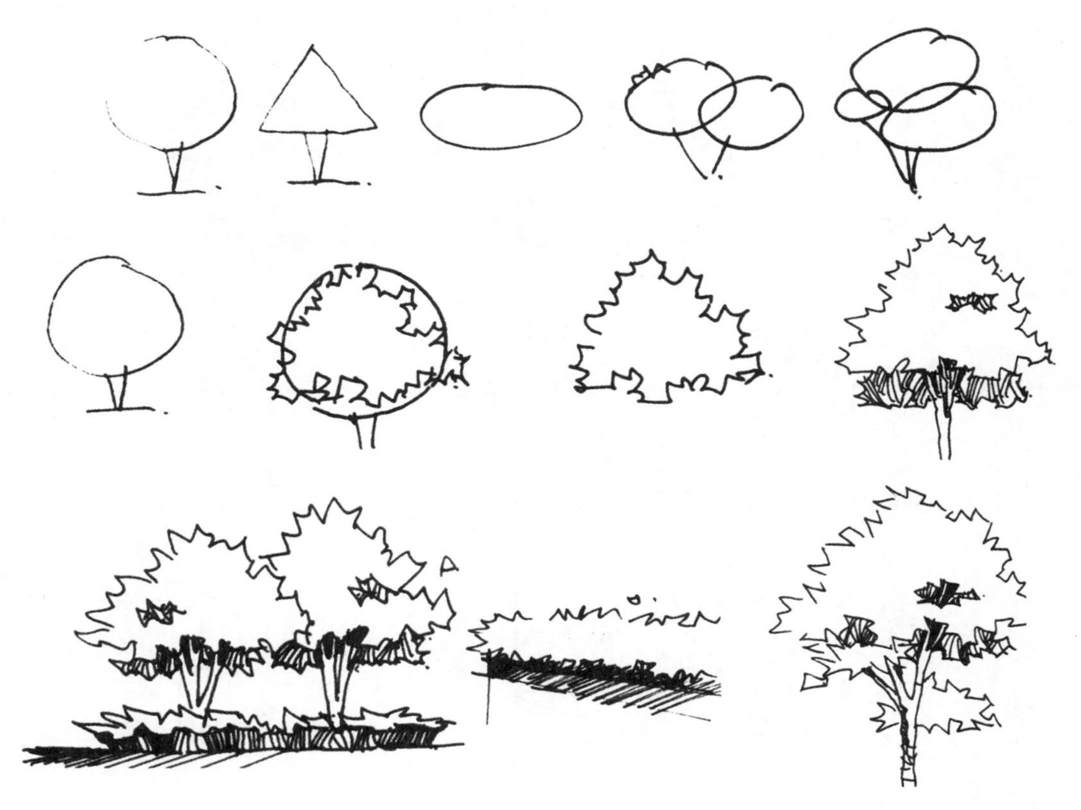

图 6-14　树冠绘制的演变手法

在表现树的过程中，画好树冠是最重要的，因为它在图面中所占的比例最大，视觉效果也最突出。对树冠的表现不能是简单而随意的，应该对其有很好地理解并按照一定的章法来进行训练。

绘制树冠时应注意以下几点。

（1）不规则的节奏。画好树冠的关键是轮廓的表达，好的轮廓具有自然曲折、富于变化的特点，能够体现出一种不规则的动感节奏，所以即便树冠是非常规则的形态，也要将其处理为起伏不定的自然节奏，如图6-15所示。

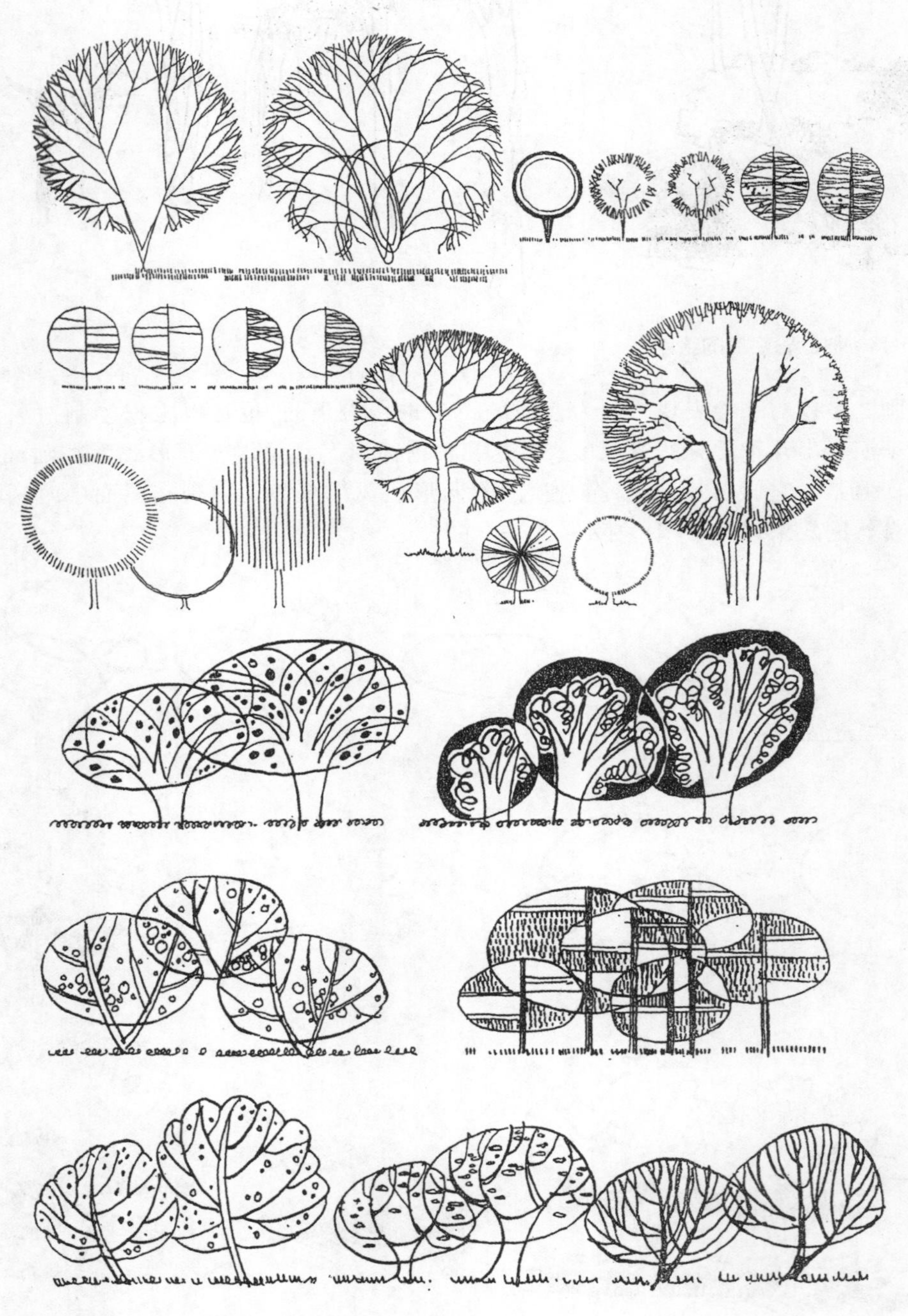

图6-15　树冠的不规则表现手法

(2) 几何形态的变化。几种常用树冠模式都是大致形似的几何形态，实际的表现还要在这些几何形态的基础上进行变化，以打破规则的状态，如图 6-16 所示。

图 6-16 树冠的几何形态变化

(3) 结构化的硬度。“自然的曲折节奏”不应被理解为自由的曲线形式，而是应具有一定的力度表现，画者应建立一种硬度的表现意识。在练习时，首先要确定树冠的大体轮廓，可以通过切线的方式来建立一个“骨架”基础，以加强对表达硬度概念的理解，如图 6-17 所示。

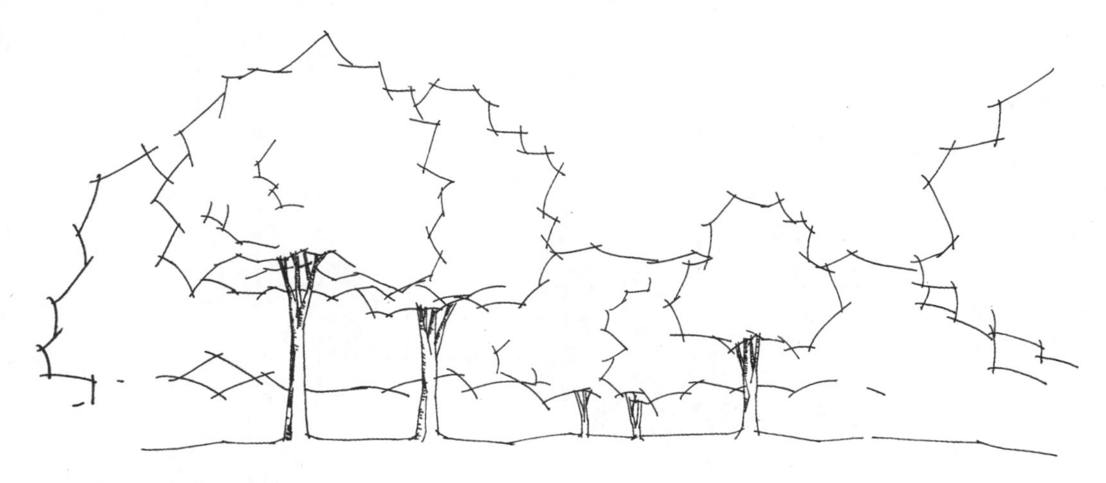

图 6-17 树冠的硬度表现

(4) 特殊植物的处理。在手绘表现某些特殊的地域的植物时，如椰子树、棕榈树等这类大型热带树木会经常出现，这些树的树形具有独特的气质，能够有效地表达一定的环境气氛。为了更好地体现树冠的体积感，对其叶面的形状和层次效果的把握是最重要的，同时还要把它们修长而略带弧线的外形特征表现出来。这种树的树形挺拔，使人感觉温暖和放松，具有一定的现代感，有很好的视觉观感，如图 6-18 所示。在手绘表现建筑立面图中，塔形树出现的频率也非常高，如图 6-19 所示。需要记住常见树木品种的塔形树冠的画法。

图 6-18 热带树木的树冠表达

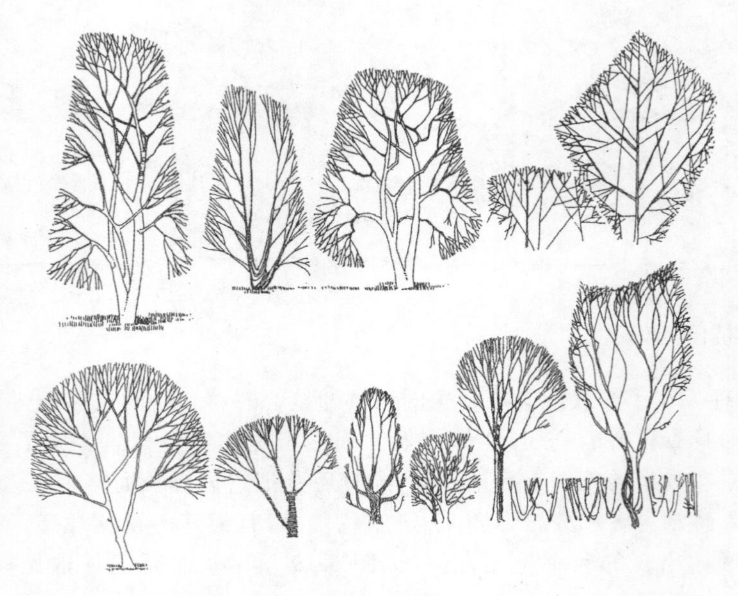

图 6-19 塔形树的树冠表达

(5) 植物的明暗处理。如果采用最简单的球形几何形体进行绘制，那么可以通过明暗线来进行表示。在复杂的情况下可以将多个球体进行组合，然后进行明暗表达。应利用明暗处理贴切地描绘自然界中的植物形体，使明暗变化更加丰富。同时，在描绘明暗变化时不应过度，避免喧宾夺主。明暗效果如图 6-20 所示。

图 6-20　植物的明暗处理

(6) 植物的层次感表达。在立面表现中，植物的层次感应当遵循"近树亮，远树暗"或者是"近树暗，远树清淡"的表达原则。在绘制过程中为了使层次感更加清晰，应当使用不同的笔触来表达明暗调子的变化，同时应当运用高光来表达层次感。植物的层次效果如图 6-21 所示。

图 6-21　植物的层次感表达

2. 常见植物丛的画法

植物丛指的是低矮植物，在手绘图面配景表达中它是树木的配景，是真正意义上的点缀。

1) 草丛的画法

草丛一般以近景形式点缀在图面的角落，体现野生的自然效果。但是草丛的组成内容不是单纯的草，而是由多种小型植物汇集的植物组团。所以草丛的画法缺乏固定模式，在绘制过程中需要注意的是叶面之间的穿插、层次以及比例关系。

草丛的画法较多，通常情况下使用较多的是以下两种手法。

(1) 以简单统一的笔触将草地大体覆盖，这种手法讲究线条的远近疏密以及过渡的变化，不过这种画法没有给着色留下过多的余地。

(2) 对草地的质感仅进行轻微的描绘，但却能够将草地的层次关系表现出来，体现出参差不齐、错落有致的效果，如图 6-22 所示。

图 6-22　草丛的画法

2) 花丛的画法

花丛的形态类似于草丛，通常有以下两种绘制方法。

(1) 汇集于图面的边角，起到近景装饰作用，对于表现要求更为细致一些。

(2) 其表现手法追求连续的团状效果，不追求效果的细致性，如图 6-23 所示。

3) 灌木丛的画法

灌木丛在立面图表现中一般较为概括，适合于放在中景、远景处，对图面起到填充和点缀的作用。灌木丛的轮廓线应当自然而富有韵律，整体形态要有团状的效果和体积感，可以适当地忽略树木和枝杈等细节内容，如图 6-24 所示。在图面效果表达中灌木丛起到贯穿中层环节的作用，能够将树木与建筑有机融合在一起。

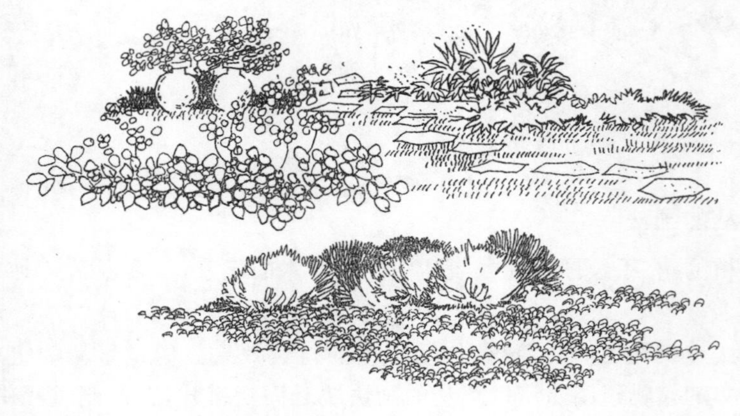

图 6-23　花丛的画法

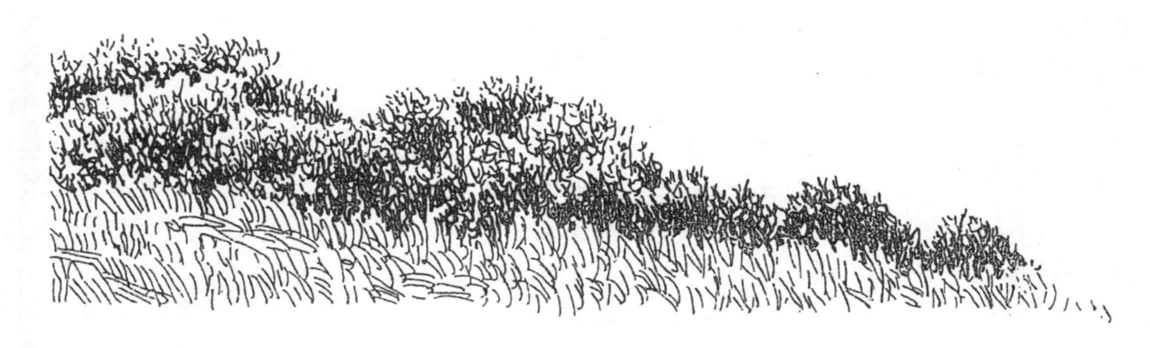

图 6-24　灌木丛的画法

6.2 园林景观构图

图面结构是由构图来完成的，构图是设计师依据方案对图面的内容进行排序，是对图面布局、场景气氛、空间效果等众多关系以及表现形式的总体构思，是图面效果体现的首要前提。构图是一个总体的概念，涵盖的内容可以从多方面来认识和理解，只有通过主动灵活地调配和组织图面内容，才能构建理想的图面结构。

6.2.1 取景

构图的先决因素是取景。取景体现一种图面构思意识，在绘制表现效果图之前应重点关注取景。取景通过选择一个合适的站立点来得到最佳的场景视觉效果，其看似简单，其实需要考虑很多的原则。面对多样的取景方式，初学者往往很难做出最佳的选择。其实，取景没有绝对的“对”与“错”，应放松地对待。取景构思需要遵循以下原则。

（1）明确取景的主体概念。在手绘作品中应有明确的主体表现内容，取景就是构思主体内容的尺度与范围，只有以整体的思维来表现主体内容，才能确定一个比较适合的观察距离，以确保主体内容的相对完整性。

（2）选择透视表现的形式。在确定观察距离之后就可以进行具体的视觉角度调整，然后考虑透视表现的形式。在取景构思的过程中对于采用的透视形式应当有大致考虑，在尝试过程中可以分别用平行透视和成角透视来表现场景的视觉效果，这是更为具体化、形象化的思考步骤。应注意，选取合适的透视形式，可实现对视觉角度的适量调整，但仅凭改变透视形式来实现取景效果是不可靠的。

（3）取景时应有所取舍。任何场景表现都必然有一定的局限性，不可能照顾到方方面面的表现内容。面面俱到的取景意识是一个思考误区，想在一个取景范围内纳入过多的内容，不仅会造成图面构图过于杂乱无章，而且会导致取景选择不定的问题。在有明确侧重的前提下，取景只要能够满足大体氛围的表现就可以了。所谓有得必有失，一幅精彩的手绘图应该有所取舍，舍弃次要取景部分，抓住主要的取景部分。

（4）注意表现内容的疏密关系。疏密关系是取景构思的一个主要方面，它是针对表现内容而言的，手绘图应注重图面的充实感。对构图的主观处理主要依靠疏密关系的调整，在取景时就应该考虑到表现内容的集中性和连贯性,要尽量避免表现内容过度分散、密集或杂乱无序的角度,不过这还要根据实际的方案情况来灵活处理。疏密关系的处理前提是不能为了把图面填满而寻找取景角度,更不能为了追求图面充实而脱离设计方案去编造。

(5) 调整主体建筑的位置。在取景时,为了避免主体表现内容出现相互重叠或遮挡,还需要对主体建筑的位置进行移位。物体间的相互遮挡是不可避免的,但在实际表现中完全可以对被遮挡内容的位置进行适当的调整,这是很正常的构图调整手段。但不可有意制造遮挡来减少表现内容,这样会严重影响图面效果,而且对手绘学习和技能提高没有益处。

取景是视觉范围的体现,是构图的前奏,但并不能代替构图。取景是一种相对比较客观、现实的场景构思形式。取景时应该以尊重方案设计为前提,不增加过多的主观调配。可以在头脑中想象实际的场景效果并想象自己置身于其中。取景构思实际上依靠的是画者的形象思维能力。

6.2.2 景深

景深是构图表现中一个重要的表现内容。前面所阐述的取景范围主要是针对视域(即图面的宽度范围)而言的,而景深所代表的是图面的纵深范围,它是另一种范围概念,是指从视觉出发点到图面所能表现的"尽头"之间的距离。景深往往是以视域范围的取景选择为前提,更多地取决于透视形式,因此不能作为取景和图面构成的首要构思依据。景深对图面效果的影响非常大,它是对空间效果的直接体现。景深范围在实际图面表现中,可由设计师应根据设计的客观因素按主观意愿进行调整。客观因素与主观因素的调整,二者之间并不矛盾,因为这是表面与内在的两种理解方式,要从客观和主观这两个方面来认识和把握景深。

景深的客观体现属于景深形式的概念,是表现内容的客观现实,主要有以下三种形式。

(1) 完全景深。这种景深形式体现的是自然消失的景深状态,一般多运用于环境场景的表现,并且往往是没有明显遮挡的大场景。其主要优势是空间纵深感比较强,如图 6-25 所示。

图 6-25 完全景深

（2）封闭景深。所谓封闭是指所表现的主体内容贯穿了整个视域范围，使画面几乎没有景深自然消失的体现。这种景深形式多用于建筑表现，如图 6-26 所示。

图 6-26 封闭景深

（3）主次景深。画面以主体内容表现为核心，同时也有自然消失的景深作为空间效果的陪衬，形成明显的主次关系。这种景深形式的应用是最为广泛的，它的特征是画面感强，视觉结构完整，主题明确，对于建筑、园林景观表现都很适用，如图 6-27 所示。

图 6-27 主次景深

景深的可变性可以理解为景深层次，这是对景深客观内容的主观处理，需要调整主观意识，景深层次可以分为以下三个层次。

（1）近景。距视线出发点最近的一个表现区域，内容多为植物和人物等配景。近景的主要作用是为图面创造细致、生动的内容表现，增强局部的可视性，同时增强空间的景深效果。近景表现中虚拟的成分较多，其内容与形式往往是由设计师根据图面的需要进行创作和发挥的，如图 6-28 浅色部分所示。

（2）中景。中景是图面的核心区域，通常表现的是主体内容。这个区域应与视线出发点保持一定的距离(根据实际情况来确定),对这个区域的内容表现是比较客观的,应直接体现设计的要求。对中景的表现不需要像近景那样刻意地细致和深入,只要把设计意图和效果明确而清晰地体现出来就可以了。

(3) 远景。其主要作用是进一步加强景深效果,同时对中景的空余部分进行填充,使图面趋于完整。远景在三个景深层次中所占的比例最小,它的"虚拟性"也最突出,表现自由度最大。较前两者而言,远景表现是十分概括的,它是一个比较含蓄的景深表现区域,如图 6-28 深色部分所示。

景深层次是很重要的概念,它具有可变性是因为这三个景深层次的关系是需要灵活变换的,应要根据实际情况而定。它们的可变性主要体现在所占图面的比重关系:中景虽然是图面的核心,但它不一定占据绝对的比重;近景与远景虽然有较强的虚拟和修饰成分,但会根据实际需要而得到突出,特别是近景,这与所表现的场景性质有关。景深层次之所以重要是因为它体现的是场景空间效果,特别是进深空间的效果。但是仅仅依靠调节这三个层次关系不能满足各种场景图面的需要。为了强调进深尺度和空间效果,在取景时还应选择一个有贯通性的、比较突出的内容,如道路、水流、桥等,它们就像隐含的线索,通过这条线索来引导视觉,增强图面的空间进深感,如图 6-29 所示。

图 6-28 景深层次

图 6-29 取景的贯通性

6.2.3 构图比重

构图比重是构图表现的主要形式之一。图面结构追求的不是均衡,而是有轻有重、有疏有密的节奏关系,这种看似不平衡的结构关系能使画面产生各种生动、自然的效果。

手绘表现构图比重分配有如下的规律。

(1) 构图的上下比重关系,先确定上下"分界线"(即地平线),这是起笔要画的第一条线。在多数建筑、环境表现中地平线确定在图面中心靠下的位置,上下比例关系大致为 3∶2,这种比例相对符合人的正常视高,视觉效果特征也会使图面更加具有稳定感,如图 6-30 所示。

(2) 构图的左右比重,这与消失点(VP)的位置有直接关系。通常消失点(VP)倾向于哪一侧,就应适当增加这一侧内容特别是配景内容的表现密度,使比重略微倾向于这一侧;还可以将多数近景安排在另一侧,略微加大它的体量表现,突出对近景的描述;但对这一侧预留的幅面空间要小,让表现透视消失的一侧所占的幅面比例稍多一些。这种由消失点(VP)来确定左右比重关系的方法可以获得一种视觉感受的平衡,避免图面结构的倾斜或绝对均衡,同时为深入构图创造条件。不过这不是一个绝对的规律,最终还是要根据具体情况来审视和确定,如图 6-31 所示。

图 6-30 构图的稳重感

图 6-31 构图的左右比重关系

从上面的分析可以感受到构图比重与景深不同，构图比重用于解决图面结构平面化布局的问题，所分配的是上下和左右两个方向的比重关系。比重主要体现于内容的体量和疏密，其对近景的安排与景深处理有直接关系。构图比重的可调节度是非常大的，也是十分重要的。

构图比重的调节涉及取景、透视、景深、表现手法等多方面的问题，其中最重要和最需要理解和把握的是如何达到比重平衡，这是构图比重调节的关键。

6.2.4 主线构图

景深和比重都是以块面的形式出现在图面中，对图面结构层次和节奏进行设计和调整。另外，构图还隐含着一种线性结构，也就是图面中的“线索”，这是一个十分重要的构图概念和方法，称为主线构图。

所谓主线是指支撑图面结构的几条最基本的线，在初步构图时，要用这几条主线来构成一个最单纯的图面结构框架，随后在这个框架的基础上逐步添加具体内容，与此同时进行进深、比重的构思与调整。主线构图的主要步骤如下。

(1) 步骤一：审视平面图，归纳主体内容，确定主线。

归纳主线的前提是取景，应根据取景范围内涉及的内容来进行思考。主线的归纳实际上也是取景的一种辅助。在平面图中，建筑、道路、水流等都有可能成为主线所要表现的内容，将这些景观进行主次分类，以重点表现内容或占据图面比重较大的内容作为主线的首选。

另一个主线就是透视，通过主线来表达透视的动向，增强空间的引导力，使空间规律性的主线更突出。因此在归纳主线之前，应该对所要采用的透视形式有明确的思路。

(2) 步骤二：将归纳的主线落实到图面上，主线的组织和调整需要反复地考虑和调整。以透视为依据，首先应将主线在平面图中的相互关系转变到透视中，采用由近及远的透视原则。审视主线的方向并以充实而饱满的构图占据图面。如果主线过于集中或方向非常相似，就必须进行调整。调整的方法是在不影响大体取景的情况下进行透视角度的调节，特别是对消失点(VP)位置的调节，必要时也可以适当调节取景的进深尺度。

主线的调整可以说是构图表现中必不可少的步骤，因为这也是在很大程度上对透视的调整。在调整过程中不能受制于透视，在透视中的各种尺度都是经过变形处理的，不需要非常精确，透视在实际表现中需要灵活地理解和应用。在不影响大体的透视原则和视觉特征的前提下，主线的调节是自由灵活的，适当的偏移、挪动是完全允许而且也是必要的。

6.2.5 常用的构图形式

建筑设计、园林景观设计方案虽然千变万化，但在手绘表现构图上还是有一定规律的，主要归纳为三种常见的构图形式：向心构图、分散构图、平行构图。

(1) 向心构图。这种构图的图面特征是：主体内容占据图面的核心位置，周围的配景以围合的形式出现，并烘托整体图面气氛，呈现一种向心性和聚集性的效果。这种构图形式除了要求远、中、近三个景深层次明确之外，更加注重比重关系的分配和调整，通过确定消失点(VP)来分配比重的规律就是反映在这种构图形式中的。向心构图的应用对象多为单体建筑表现，特别是别墅类的小型建筑，如图 6-32 所示。

(2) 分散构图。分散构图也称为“透视构图”，这种构图没有固定模式，因为它没有明确的主体表现，强调的是场景气氛的表现效果。分散构图的主要特征是透视进深效果比较明显，要求层次要明确且丰富，从而强调景深效果的体现。在图面中，表现内容很分散，但透视效果在其中发挥了主导作用，其中比较突出的是地面铺装和建筑分割线，这些线条能够直接体现透视进深，为图面创造一种稳定、规则的视觉秩序。分散构图所使用的基本透视形式是平行透视，因为它具有平稳、秩序的视觉特征，但为了使图面更加生动，应把近处的进深线略微倾斜，采用简易成角透视的效果。分散构图是最常用的一种构图形式，主要应用于景观环境表现，如图 6-33 所示。

图 6-32　向心构图

图 6-33　分散构图

图 6-34　平行构图

(3) 平行构图。平行构图也称为“一字构图”。这种构图形式是以主体内容的横向贯通为主要特征，其他多数内容也呈横向关系，透视消失效果比较缓慢，对景深的体现不明显，图面的整体透视效果也不明显，平行构图的整体感觉近似于立面图表现。平行构图对图面比重的要求也是比较单纯化、概念化的，不需要明显的节奏效果。这种构图形式主要应用于建筑或景观环境设计中一些完整、连贯或需要体现连续效果的内容表现中，如图 6-34 所示。

以上三种形式归纳概括了构图的主要形式，其可应用的范围很广泛。另外，这三种构图形式在使用中

还应该根据情况进行适当的调整，但不要破坏它们的特征。

6.2.6 构图小稿

通过对构图的描述，可以看出手绘图面不是随意生成的，而是需要对图面结构有明确的计划。构图能力是通过不断积累获得的，应该养成构图思考和尝试的习惯，不断提高构图意识。初学者可以通过一种快速的表现形式来进行多种构图尝试，这就是构图小稿表现，如图 6-35 所示。

图 6-35 构图小稿绘制

构图小稿是一种比草图表现还要概括的快速表现形式，它对图面内容只进行最基本的形体描述，甚至用最简单的几何形态来替代。构图小稿是在正式表现前对图面结构的一种演示，可以通过它来审视取景构思，调整图面比重节奏以及景深效果等方面的预想，而后确定一个理想的布局效果。构图小稿很少能一次到位，要进行多次修改和调整，所以构图小稿不讲究用笔方法和表现形式。小稿虽然进行了反复的修改、校正，但还是要多变换一些构图方案，只在一种思维模式中徘徊是很难达到满意效果的，要多画几张小稿来进行相互比较才会得到更好的效果，这样不仅能够发挥小稿的作用，同时也可以达到训练的目的，从而不断提升手绘水平。

6.3 景观园林人物及配景艺术处理

在手绘表现中，透视关系是整个图面表达的结构与整体关系。一幅出色的表现图除了严谨的透视关系以外，更需要图面中有丰富的表达效果。配景的绘制应清楚地表达出与图面主体元素的关系，给整个图面增添色彩而不能喧宾夺主。同时配景的色泽与阴影关系也一定要与图面主体元素进行良好的搭配，避免造成视觉效果上的冲突。手绘表现中的配景主要是景观环境的表达方式，先要学会常用的配景画法，它们都是生活中常见形态的组合。

6.3.1 园林景观人物

人是建筑表现图中的重要配景，可以为图面效果增添生气，体现出空间的进深感，最为重要的是人本身可以成为衡量空间尺度与质量的重要标准。在手绘的快速表现绘制过程中，人的绘制可以采用抽象、概括的表现形式或写实的表现形式，以及简便的表现形式。

抽象和概括的表现形式中，线条将会以比较“硬的形式”绘制出来。这种表现手段会使人的体形显得比较修长，此方法仅仅表现出人物的轮廓而不涉及任何动态特征的表达，如图 6-36、图 6-37 所示。

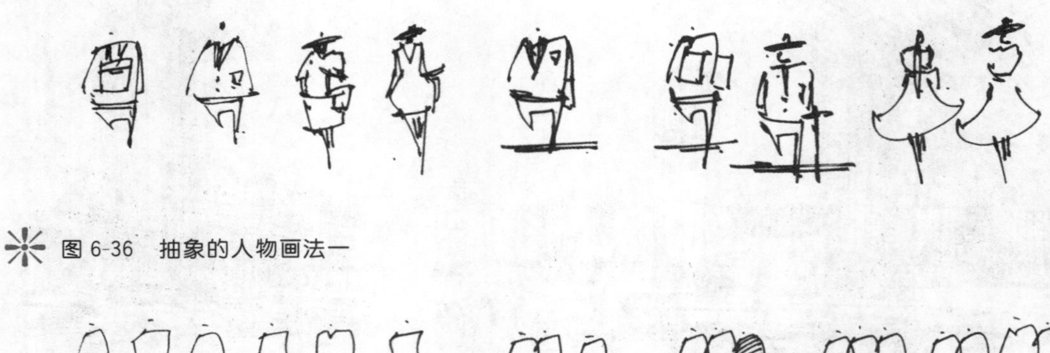

图 6-36　抽象的人物画法一

图 6-37　抽象的人物画法二

这种绘制手法不适合被放置于表现图中较近的位置，因为缺乏细节上的描绘。如果要进行比较写实的人物形象描绘和刻画就需要采用写实的表现形式，此时应注意以下几点。

(1) 比例：注意人体的比例关系，如男性一般为七个半头，女性为六个半头。

(2) 着装：在手绘表现中，男性身穿西装、夹克，女性身穿裙子。衣着对比会让图面显得更加生动一些。

(3) 动态：在图面中要强调人的运动状态的差异，这基本包括站立、行走、坐等几种姿势。对于这些姿势的刻画，需要体现人的正面、侧面以及半侧面的不同，从而让图面显得更加的生动自然。一些比较特殊的姿态，如人的舞动姿态则需要根据图面表达要求进行添加，过于古怪的姿态就没有必要添加到图面里。

此外，对配景人物的细致刻画需要坚实的美术基础。对于缺乏相应绘画练习的初学者而言可以在平时练习的过程中积累多种人物表现的照片，并用硫酸纸进行描绘，来掌握人物绘画的相关过程。这是一种非常高效的学习方法，并不违背手绘的原则，同时也利于不断的积累和提高，如图 6-38 所示。

除了细节刻画以外，在绘制表现图的过程中应当注重处理人物在图面中的位置关系。应根据不同的景深关系来配置人物，需要特别注意的是：如果图面采取正常视高（人的标准视高），那么在图面中所有站立行走的人物（儿童除外）的头部基本上处于同一水平线上，这是一个简略的准则，忽略人的身高差异来加快手绘表现的绘制速度。同时也应注意人与人之间的疏密关系，应当调整人物间的空隙大小以表达出有松有紧

图 6-38 人物画法练习

的效果，在图面上人物的分布不应显得过于均质化。同时，图面上人物的衣着等细节性内容应当根据图面主体来进行合理的配置。

6.3.2 园林景观配景

在建筑效果表现图中，建筑配景能够给图面效果增色不少。在绘制配景的过程中要注重表达的简洁性，以免影响到建筑物主体的表达，造成喧宾夺主的不良影响。合理地运用配景能够增强图面的丰富层次与生动感。通常情况下配景种类较多，其中包含了植物、园艺小品、路灯、栅栏和汽车等元素。良好的配景组织能够起到活跃图面氛围的作用，而且能够更深刻的刻画出规划图、建筑群与周边环境之间的关系。配景关键还要看如何来配置，下面是一些配景方式的建议和提示。在商业及公共空间场景表现中，应注意以下几点。

(1) 人物表现丰富，但要注意拉开进深层次。

(2) 车辆表现是营造空间氛围的非常好的一种方法，如图 6-39 所示。

(3) 休闲茶座(遮阳伞)也是比较适合此类场景气氛表现的配景之一。

(4) 应注意表现规则有序的地面铺装。

(5) 突出路灯等照明设施的表现。

(6) 适量增加一些气球等配景方式，以突出商业氛围。

(7) 适当减弱植物配景的表现，树木不宜过于高大，同时应强调序列规则的效果，池栽形式比较适合，切忌随意添加低矮灌木。

商业表现效果如图 6-39 所示。

图 6-39　商业配景的表现

对居住空间的配景表现，应注意以下几点。

(1) 树木和草地等各种植物配景的图面占有率高。

(2) 突出与水有关的形式表现。

(3) 强调近景路面的铺装形式。

(4) 栅栏形式适合用于别墅住宅场景。

(5) 适当添加休闲座椅和低矮照明。

(6) 儿童游乐设施也很适合表现生活气氛，但不宜过于突出。

(7) 人物配景的数量不应过多。

居住区配景图表现如图 6-40 所示。

图 6-40　居住区配景的表现

同时在建筑配景中，除了植物以外，一些其他类型的景观小品也能够给表现图增色不少，在这里出现频率比较高的是水体、石块等元素。下面简单介绍一下水体、石块的画法。

(1) 水体的画法。通常情况下平静的水会像一面镜子一样倒映物体，所以在绘制水体的时候不仅要清晰地表达出平静水面上的倒影，还要表现出穿过倒影部位的线条，以及后面的建筑或景观结构表现水面用的水平线条。这些线条要与地平线平行，否则水看起来会是倾斜的。当水面的平静被搅乱时会形成涟漪或波纹，可用横抖线来表现这种水面。

(2) 石块的画法。在自然界中石头种类繁多，根据材质的不同可以将石头大致分类为粗糙石材、光滑石材等类型。在画石头的时候用单纯的线条去表现石头的结构和纹理，通过线条的长短、疏密、取舍把石头的形体转折、走向以及材质感表现出来，做到既造型严谨，又自然生动，如图 6-41 所示。

图 6-41　水体以及石块的画法

为了满足各种图面气氛的需要，下面还有一些其他配景示例和实例图片参考，如图 6-42 所示。

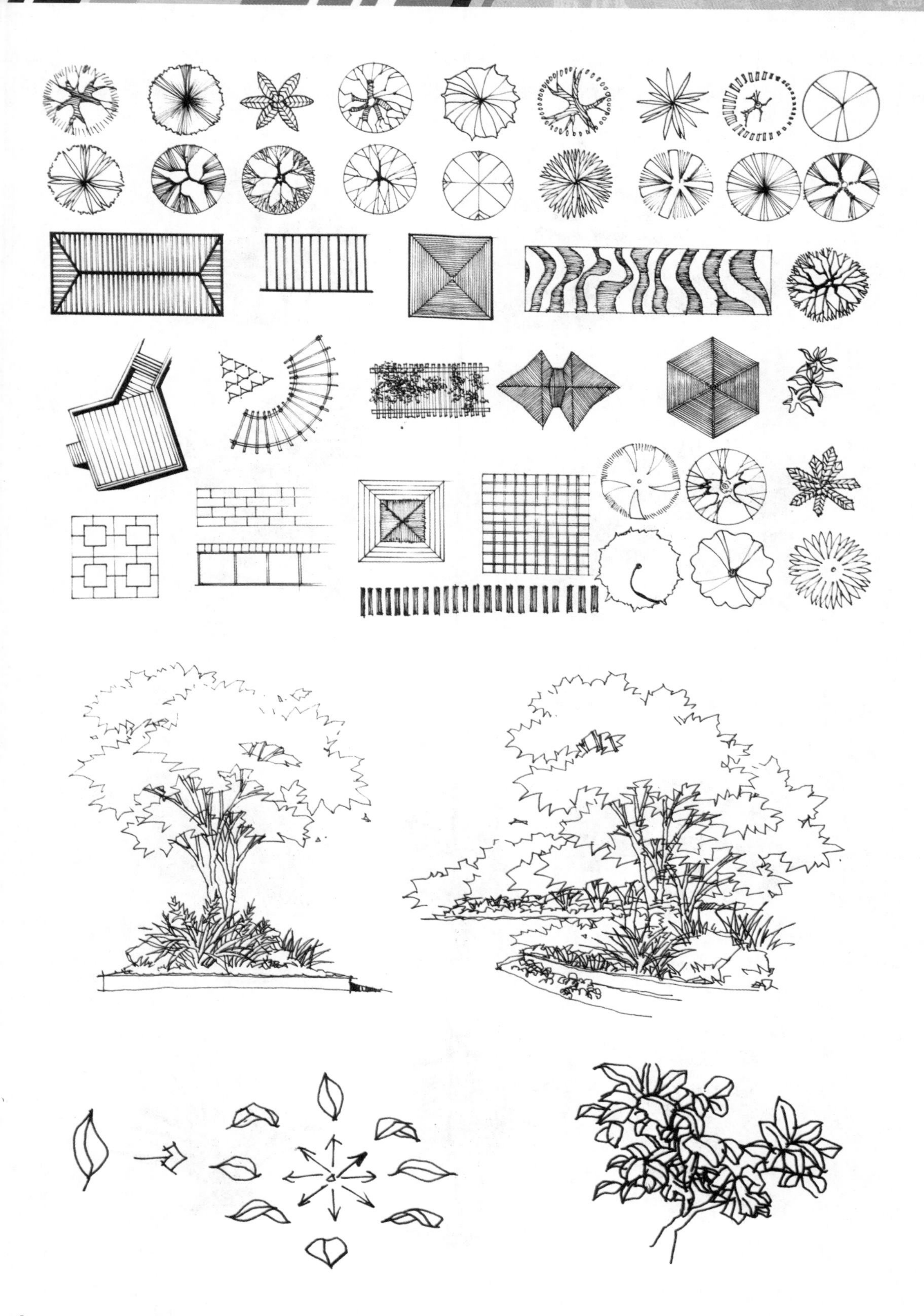

图 6-42 其他种类配景的画法

各种配景的画法是需要经常练习的，它们的表现形式虽然都比较概括，但是却不能忽视，特别是植物和人物的形态，掌握好配景表现还需要善于观察生活，积累素材和训练形象记忆，如图 6-43 至图 6-52 所示。

图 6-43　灌木的铅笔表现手法

图 6-44　树的铅笔表现手法

图 6-45　花草的铅笔表现手法一

图 6-46　花草的铅笔表现手法二

图 6-47　花草的铅笔表现手法三

图 6-48　花草的铅笔表现手法四

图 6-49　花草的铅笔表现手法五

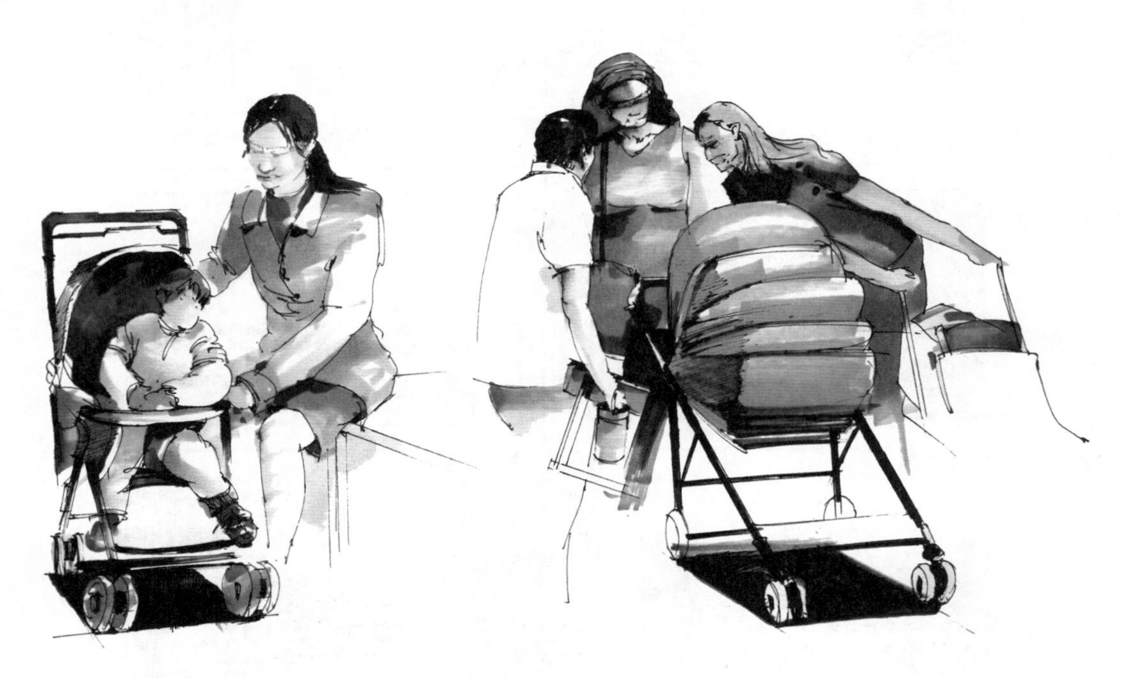

图 6-50　人物的表现手法

图 6-51　人物、植物和汽车的表现手法

图 6-52　建筑景观的表现手法

6.4 景观园林手绘表现范例

下面用一个实例来介绍景观园林手绘表现的绘制步骤。

● 步骤一：先确定视点，把大致的形态用线条表现出来，如图 6-53 所示。

● 步骤二：对体块光影进行分析，将暗部的投影用重色表现出来，形成光影的层次效果，如图 6-54 所示。

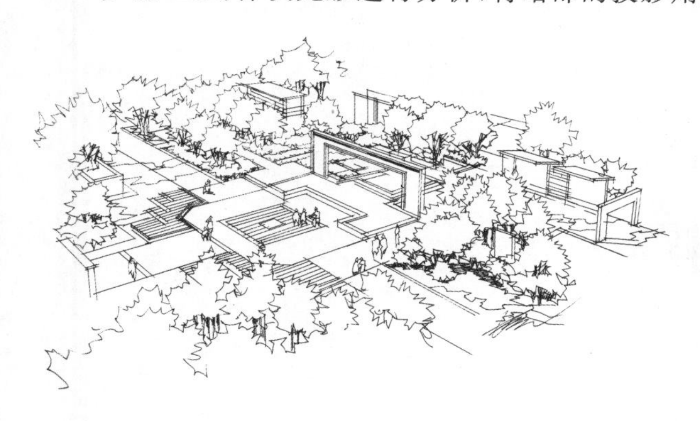

图 6-53 步骤一

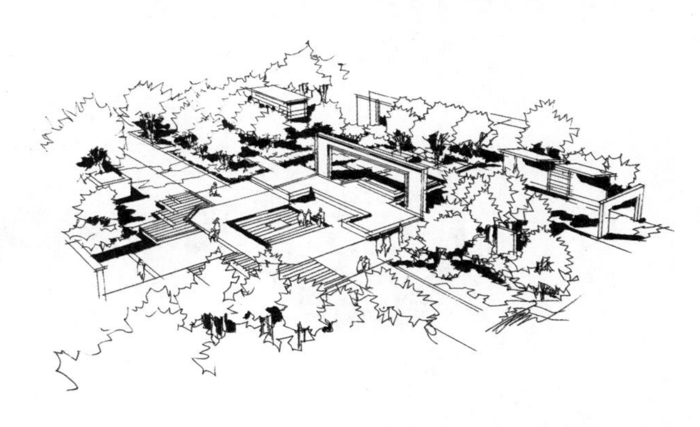

图 6-54 步骤二

● 步骤三：将园林景观的树木用深浅两种绿色分层表现，再用灰紫色进行点缀，让色彩形成冷暖对比和深浅的变化，如图 6-55 所示。

● 步骤四：将园林景观的地面和水面分别用暖暮色和冷灰蓝色表现，增强树木的冷灰色投影部分，如图 6-56 所示。

图 6-55 步骤三

图 6-56 步骤四

● 步骤五：逐步深入进行细节刻画并调整整体，在把握整体大关系的前提下尽可能画出各部分微妙的变化，如图 6-57 所示。

图 6-57　步骤五

6.5 景观园林表现实例

景观园林表现实例见图 6-58 至图 6-68。

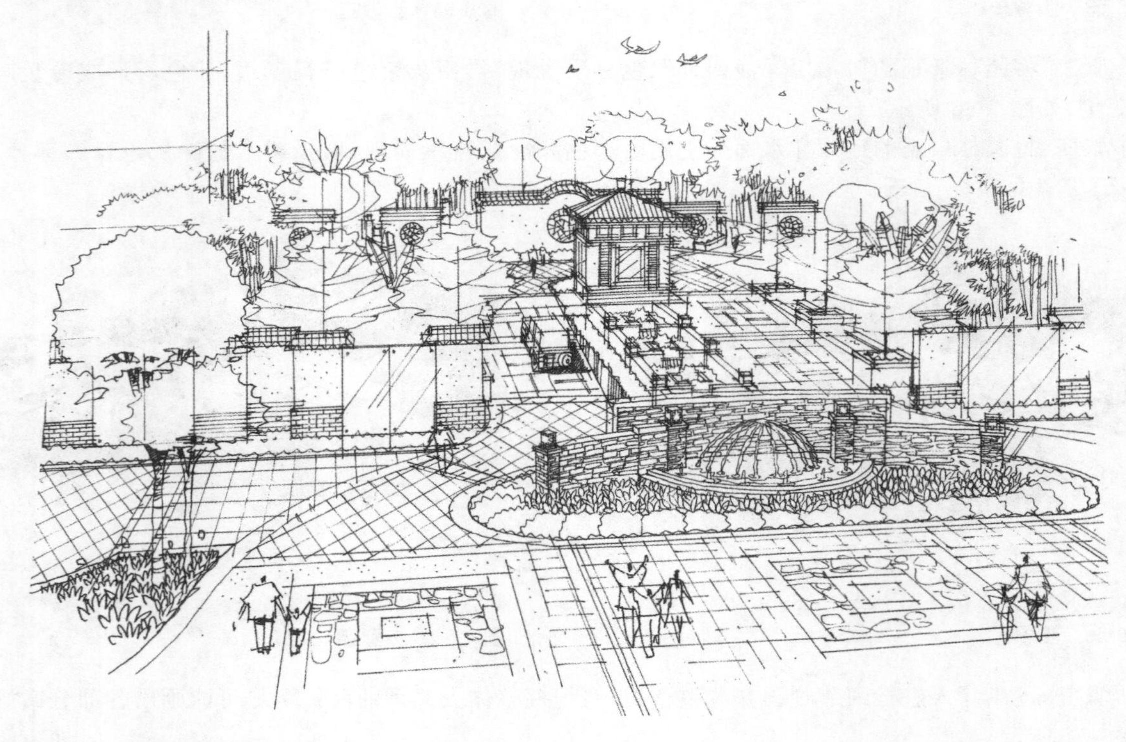

图 6-58　小区主入口景观线稿

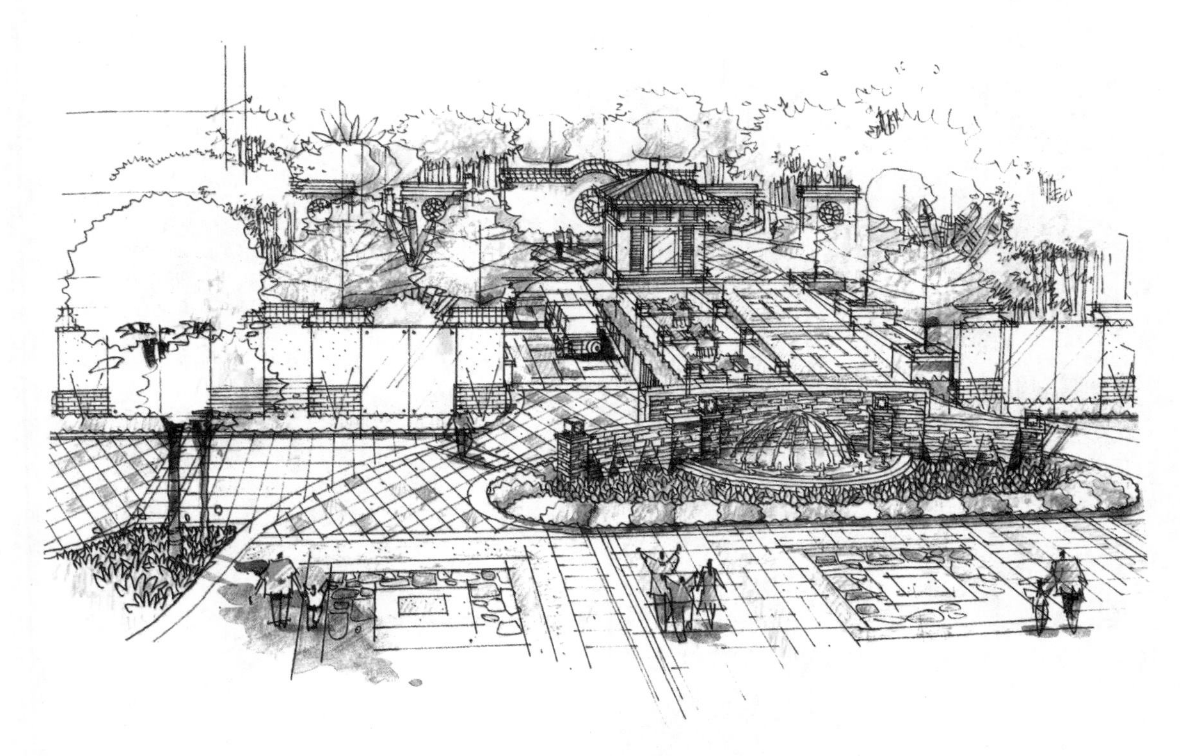

图 6-59　小区主入口景观色彩表达

图 6-60　住宅区内景线稿

图 6-61　住宅区内景色彩表达

图 6-62　公园景观线稿

图 6-63　公园景观色彩表达

图 6-64　公共景区线稿

图 6-65　公共景区色彩表达

图 6-66　景观局部表现一

图 6-67　景观局部表现二

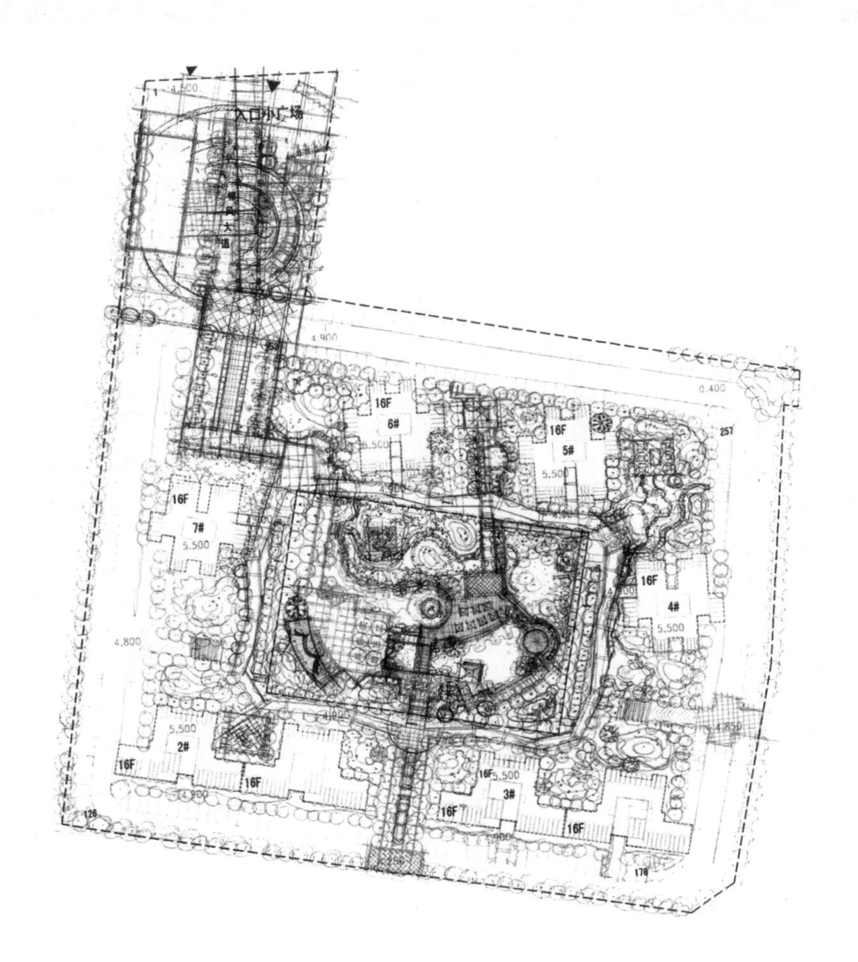

图 6-68　景观局部表现三

小 结

本章重点介绍园林景观植物平、立面图的画法以及园林景观马克笔表现技法，在构图方面着重讲解了景深这个概念，要求设计师熟练掌握园林树草石的各种平、立面的表达方式以及人和车的表现技巧。在透视效果图中应注意近景、中景、远景的表达规律。在色彩表达方面应循序渐进地铺色，尽量用较少的颜色画出丰富的层次。

课堂练习

(1) 临摹完成植物的平、立面表达方式以及树木的透视图。

(2) 按照步骤临摹一幅A3尺寸大小的马克笔表现图。

第7章

手绘表现之城市规划篇

SHOUHUI BIAOXIAN ZHI CHENGSHI GUIHUA PIAN

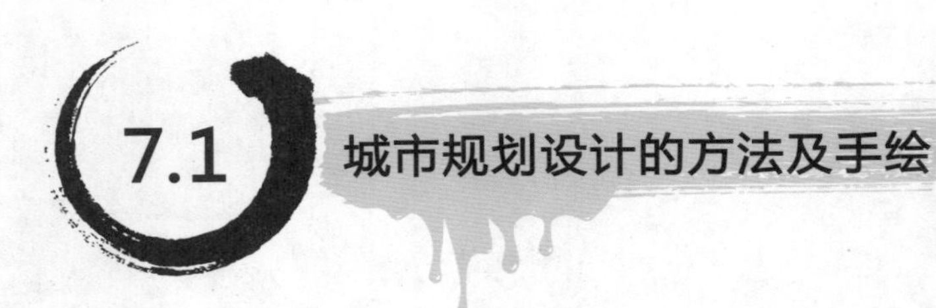

7.1 城市规划设计的方法及手绘

7.1.1 城市规划设计的方法

城市规划景观是由多种元素所组成的，其图面效果追求画面上的简洁感与秩序感，在图面中有建筑、道路、人物、植被、路灯等不同元素，这些元素塑造出了丰富的视觉效果，如图 7-1 和图 7-2 所示。在整个手绘表现环节中应当以建筑为主体并在画面表达中进行强调，但也不能够缺少其他不同种类的景观来进行视觉上的配合，同时这些元素之间的构成应当合理的表现出其中的主次与组合关系。这就对设计师提出了较高的要求，设计师不但应当具备相应的绘图技巧，还应掌握在图面中的不同表达要素的特点以及相关的表现技法，才能绘制出效果出色、层次丰富的城市规划手绘表现图。

环境设计也是城市规划设计中的重要内容之一，环境与空间密不可分，可作为表达设计意图的一个窗口。

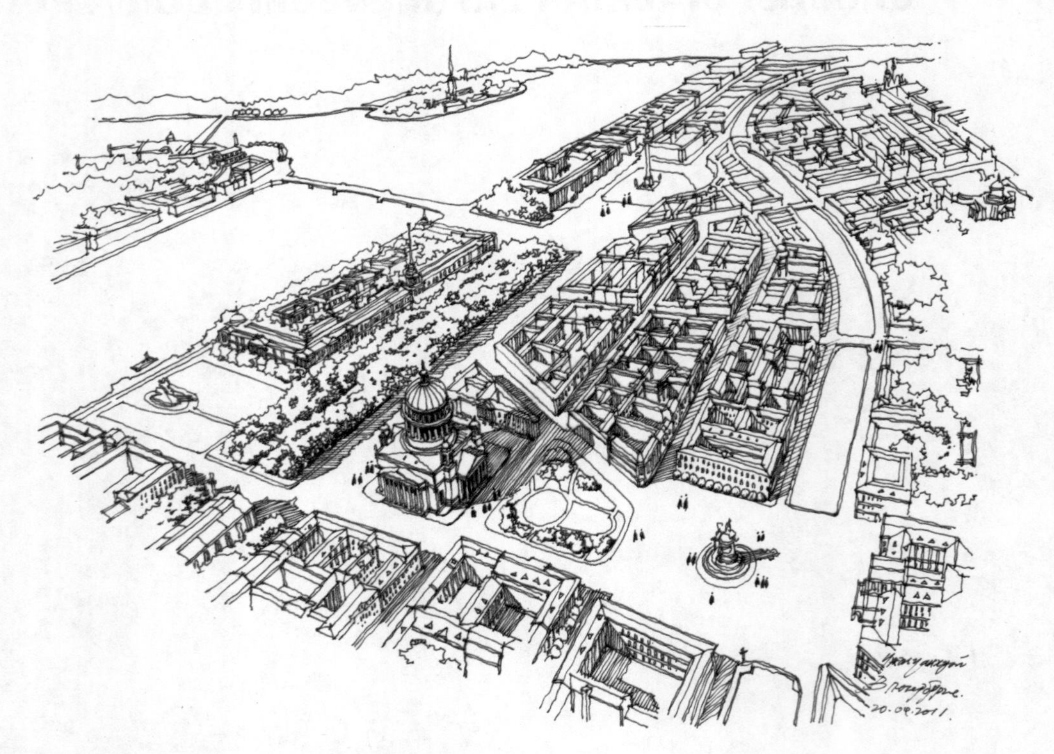

图 7-1　圣彼得堡城市规划鸟瞰

2. 城市规划设计的特点

(1) 城市规划快速设计注重整体的设计理念和表达，设计过程中主要体现的是设计者对主要设计要素

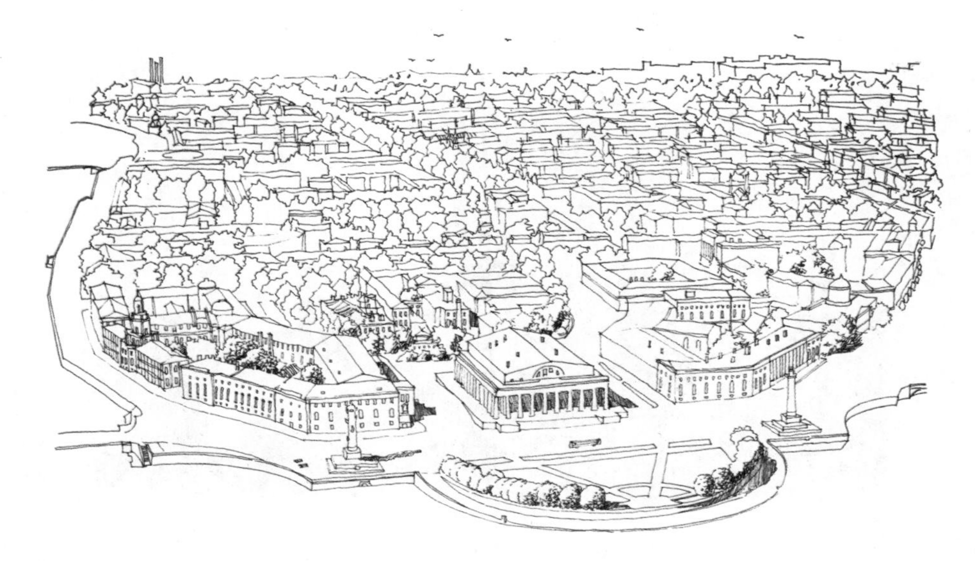

图 7-2　圣彼得堡城市规划鸟瞰

的宏观把握以及整体空间布局的构思和重要地段的特色把握，不必刻意追求细部。

(2) 城市规划快速设计应同时考虑设计的合理性和建设指导性的设计，其有别于单纯的平面设计。虽然设计中也会运用到平面构成和平面设计的知识，但是更注重其中的工程性特点。

(3) 城市规划快速设计要求设计者具备一定的建筑知识，以便在下一阶段对方案的深化处理以及进行建筑施工图的设计。

(4) 城市规划快速设计要求设计者有扎实的徒手绘图能力。

7.1.2 城市规划手绘及其特点

城市规划手绘最突出的特点是灵活、快捷，手绘效果的最大特点就是灵动，具有独特的灵气，如图 7-3 至图 7-6 所示。

城市规划手绘表现是设计师应具备的基本功，但要注意，设计表现不是单纯的绘画，而是通过手绘这种快捷明了的方式来表达设计的概念，手绘应该将设计思维与艺术表达有机结合起来。

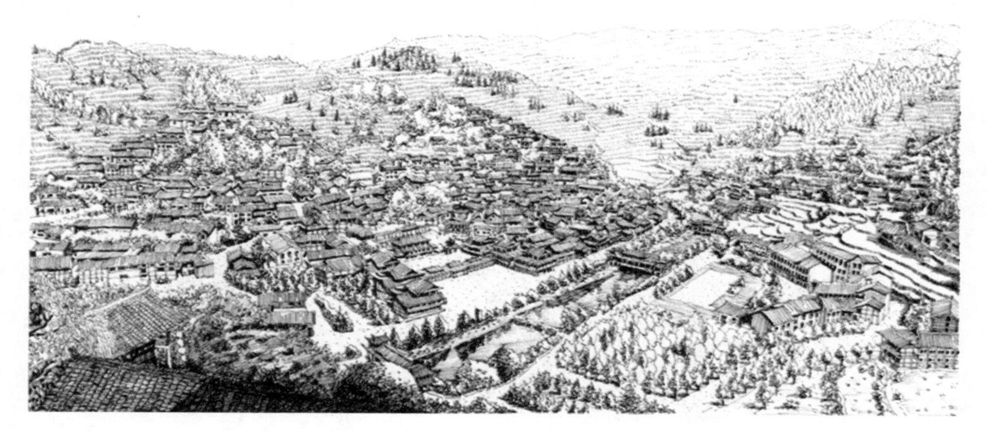

图 7-3　城镇规划鸟瞰图

图 7-4　乡村规划鸟瞰图

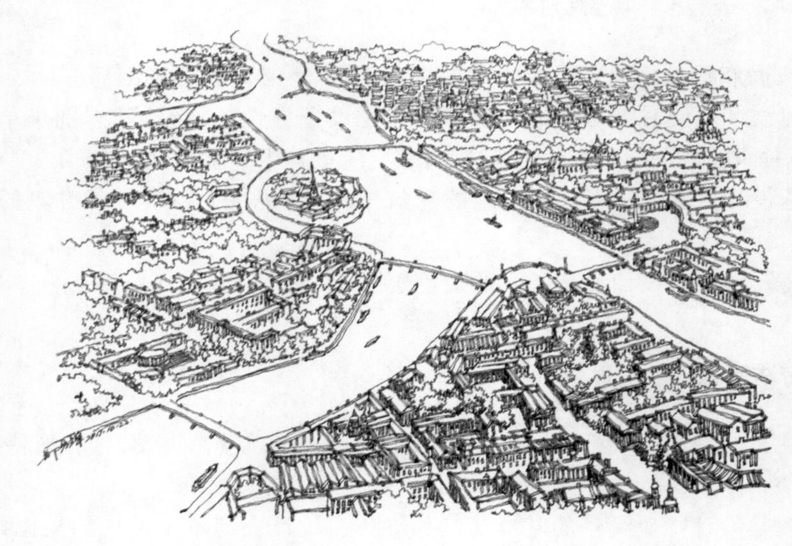

图 7-5　圣彼得堡城市规划鸟瞰

图 7-6　城市住宅区规划表现图

7.2 城市规划手绘表现技法

1. 色彩搭配原则

一是还原材质本身面貌，绘图手法中规中矩，科学严谨，涂色注重阴影、景观小品、建筑的真实性，应注意有一定的留白，不能大面积上色。

二是清新配色，运用浅色或者纯度低的颜色，使画面整体效果干净清新，要求线条利落、平直，避免画面过于平面，注意阴影颜色要适当。

图 7-7　景区酒店规划线稿

图 7-8　景区酒店规划色彩表现

三是只用到两到三种颜色的配色方案，主要展现方案的空间秩序，不强调建筑形体和景观，大面积留白，只涂能够表达设计理念的结构性颜色。这种方法对设计者的创造思维要求较高，虽然颜色应用较少，但是非常考验设计者的色彩搭配及构图能力。

色彩搭配实例如图 7-7 和图 7-10 所示。

图 7-9　滨江水岸设想图线稿

图 7-10　滨江水岸设想图色彩表现

7.3 城市规划表现鸟瞰图的画法

在进行城市规划手绘图过程中将平面图转化为立面图的时候，首先就要仔细观察平立剖面图，要分析平面图适合画鸟瞰图的角度。构成感良好的鸟瞰图不是凭空绘制出来的，而是在图面表达上能够体现出精确的尺寸，应当注意透视关系所带来的建筑物尺寸上的变化，同时也要大体刻画出建筑周围的场地关系。绘制一点透视的鸟瞰图，楼层的高度是一个很重要的因素，因为这决定了视点的高度。从透视关系的角度来看，一点透视的鸟瞰图适合于前景建筑较低、远景建筑较高的角度，以及图面纵深感较深的透视图，否则如果近景建筑高度过高的话，就会遮挡后面大部分画面上的内容。

规划手绘表现技法常以鸟瞰图来表达整体规划设计，因为鸟瞰图可以清晰地表达出体块与体块的组合关系，为观者提供更宏观更深刻的认识。绘制一张好的鸟瞰图不仅需要设计师有好的绘画功底，更需要其能够理解尺度关系，从平面图到效果图，如何使尺寸保持准确，是需要设计师具备一定的专业知识和绘画技巧的。

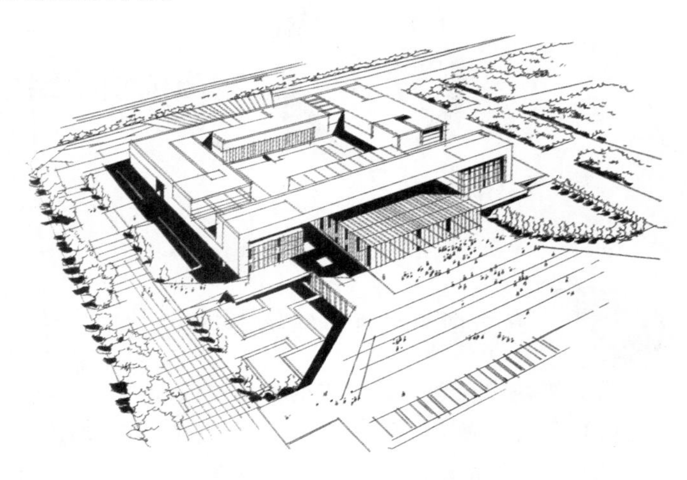

图 7-11　刻画明暗关系

● 步骤 1：在完成透视图以后根据已打好的铅笔稿上墨线，注意线型的粗细关系与整体的虚实对比，建筑轮廓线线型要相对较粗一些，建筑立面的刻画线就要较细一点；同时要注意每张手绘表现图中都会主观的选取视觉中心进行更为详细的刻画，而一些次要的部分只需要使用马克笔简单地进行上色处理即可。在透视图中进行明暗关系的刻画时候，可以适当用深色的马克笔进行刻画，完成颜色从深到浅的逐步过渡，如图 7-11 所示。

● 步骤 2：马克笔上色时，首先要从透视图中建筑体块的暗部开始着笔，同时注意马克笔的覆盖与笔触，从整体出发，保证画面的完整性，在绘制过程中要保证笔触的整齐性。在第一遍上色的颜色干透以后，再进行第二遍上色，同时也要注意不能让颜色显得过深。然后从画面中心开始刻画四周的次要建筑体块，这一部分的刻画应适当地进行弱化。随后在绘制建筑立面上的玻璃部分时候，首先要确定好建筑物的受光面，保留玻璃立面上的高光部分，然后用浅蓝色的马克笔将其余部分上色，最后用深一点蓝色的马克笔描绘出暗面，如图 7-12 所示。

● 步骤 3：第二遍上色与第一遍上色的顺序基本一致，不同的是，第二遍上色后才对周边的次要的建筑物体进行上色处理，在添加颜色的过程中应注意湖面中的远近虚实关系，并且应使画面看起来更具有立体感，如图 7-13 所示。

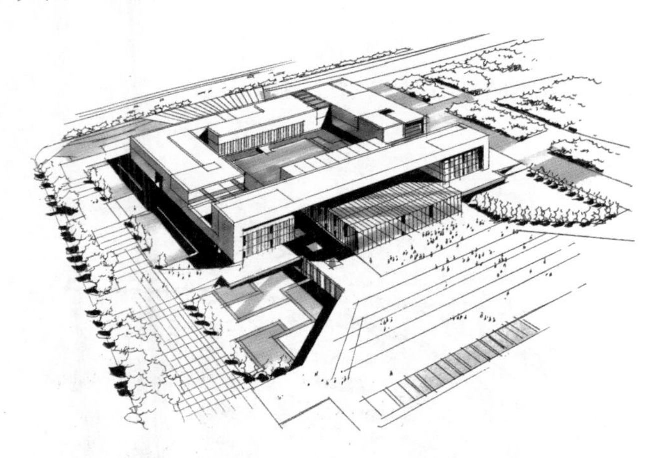

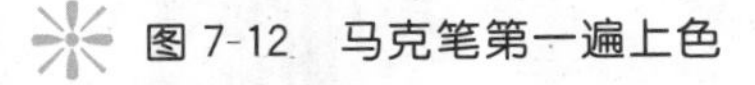

图 7-12　马克笔第一遍上色

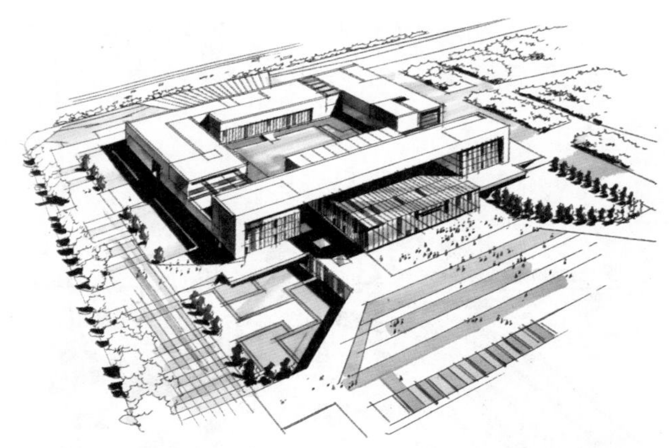

图 7-13　马克笔第二遍上色

● 步骤 4：为了更好地突现出城市规划的设计主题，使整个透视图看起来整体具备更强的空间立体感，就需要对画面加深阴影关系，我们可以使用更深颜色的马克笔甚至直接用黑色马克笔去处理阴影部位，但是在添加色彩的过程中应当使阴影颜色有一个自然的过渡，注意切忌将阴影颜色涂得太死。

7.4 城市规划手绘表现步骤

7.4.1 马克笔城市规划手绘表现

马克笔城市规划手绘表现的具体步骤如下。

(1) 完成立交桥线稿，将阴影上色表现出来，形成光影明暗关系，如图 7-14 所示。

(2) 用灰色将桥面的光影表现出来，如图 7-15 所示。

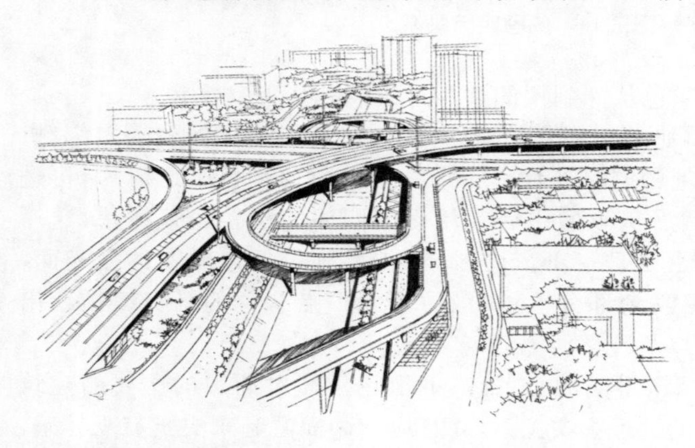

图 7-14　马克笔城市规划手绘表现一

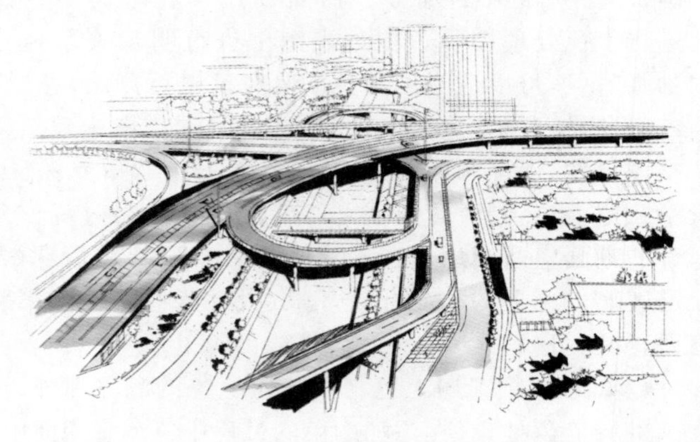

图 7-15　马克笔城市规划手绘表现二

(3) 立交桥的周边景观用深浅绿色进行分层表现，形成初步的表现效果，如图 7-16 所示。

(4) 最后一步需要把握图面的整体关系，深入刻画桥梁及道路的细节，如图 7-17 所示。

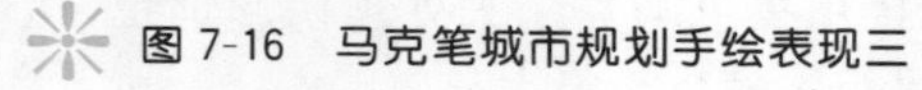

图 7-16　马克笔城市规划手绘表现三

图 7-17　马克笔城市规划手绘表现四

7.4.2 水彩城市规划手绘表现

● 步骤一：具有设计感的鸟瞰图是根据设计的具体平面尺寸，从平面图转换为鸟瞰图，其可以展现出一个手绘者的基本设计素养，如图7-18所示。鸟瞰图作为透视图的一种表现方式，其消失点相对较远，所以掌握鸟瞰图的透视对于大场景的城市规划手绘表现是很有帮助的。按照基本的比例与尺度，定出各个细部的位置，注意透视关系所带来的尺寸变化，同时大致刻画出建筑周围的场地关系。然后根据已完成的铅笔稿上墨线，注意线型的粗细关系与整体的虚实对比，建筑轮廓线线型相对较粗，建筑立面刻画线较细；同时应注意每张手绘表现图中都会主观的选取视觉中心进行详细刻画。明暗关系可以适当用墨线进行刻画。

图7-18 仔细刻画城市规划线稿

● 步骤二：上色时，从画面暗部开始着笔，同时注意马克笔的覆盖与笔触需从整体出发，保证画面的完整性；颜色干透后，再进行第二遍上色，如图7-19所示。上色应注意虚实对比，一般处于视觉中心的体块需重点刻画，然后从中心向四周进行弱化。

图7-19 用水彩将海面和草地的颜色大致铺色，区分出基本的色彩层次

● 步骤三：为了更好地突出主景，使画面整体富有空间立体感，需要加深阴影关系，用更深颜色的笔甚至直接可以用黑色去处理阴影，但注意不可涂得太死，如图 7-20 所示。同时，适当使用补色，学会用补色关系可以很好地解决画面过于单调的问题。

图 7-20　重点刻画视觉中心点，对前景的建筑群进行明暗深度刻画

图 7-21　全面深入表现城市规划的建筑、道路、树林，把握近实远虚的原则

● 步骤四：对视觉中心部分的细节再进行精细刻画，前后叙事关系要把控好，后面虚的处理既不能太过于突出，也不能太虚无没有内容，应把握虚实度，需要反复比较，最后适当用彩色铅笔提升一下整体的质感，如图 7-21 所示。

7.5 城市规划手绘表现实例

城市规划手绘表现实例如图 7-22 至图 7-31 所示。

图 7-22　城市交通规划鸟瞰表现图

图 7-23　办公区规划表现图

图 7-24　商业街规划鸟瞰表现

图 7-25　商业街整体规划表现

图 7-26　商业街规划表现

图 7-27 圣彼得堡瓦西里岛鸟瞰

图 7-28 规划设想图

图 7-29 体育馆平面图规划

图 7-30　体育馆规划鸟瞰图表现一

图 7-31　体育馆规划鸟瞰图表现二

小结

本章重点介绍城市规划设计的方法以及城市规划手绘表现技法，应掌握城市规划不同表现要素的特点，掌握好明暗的层次、色彩的层次。对于设计师而言，在绘制鸟瞰图时应注意透视关系所带来的建筑物尺寸上的变化，也应大致刻画出建筑群周围的场地关系。

课堂练习

(1) 临摹完成马克笔城市规划手绘表现图。

(2) 学会分析和鉴赏城市规划表现图。

参考文献

[1] 杨薇，张毅，王安毅. ING手绘——建筑/规划设计手绘技法专业教程[M]. 北京：人民邮电出版社，2014.
[2] 李本池. 前沿景观手绘表现与概念设计[M]. 北京：中国建筑工业出版社，2008.
[3] 钟训正. 建筑画环境表现与技法[M]. 北京：中国建筑工业出版社，2009.